BestMasters

Mit „BestMasters" zeichnet Springer die besten Masterarbeiten aus, die an renommierten Hochschulen in Deutschland, Österreich und der Schweiz entstanden sind. Die mit Höchstnote ausgezeichneten Arbeiten wurden durch Gutachter zur Veröffentlichung empfohlen und behandeln aktuelle Themen aus unterschiedlichen Fachgebieten der Naturwissenschaften, Psychologie, Technik und Wirtschaftswissenschaften.

Die Reihe wendet sich an Praktiker und Wissenschaftler gleichermaßen und soll insbesondere auch Nachwuchswissenschaftlern Orientierung geben.

Pascal Teßmer

Äquivariante
Torsion auf Kontakt-
Mannigfaltigkeiten

 Springer Spektrum

Pascal Teßmer
Heinrich-Heine-Universität Düsseldorf
Deutschland

BestMasters
ISBN 978-3-658-17793-5   ISBN 978-3-658-17794-2   (eBook)
DOI 10.1007/978-3-658-17794-2

Die Deutsche Nationalbibliothek verzeichnet diese Publikation in der Deutschen National-
bibliografie; detaillierte bibliografische Daten sind im Internet über http://dnb.d-nb.de abrufbar.

Springer Spektrum
© Springer Fachmedien Wiesbaden GmbH 2017

Gedruckt auf säurefreiem und chlorfrei gebleichtem Papier

Springer Spektrum ist Teil von Springer Nature
Die eingetragene Gesellschaft ist Springer Fachmedien Wiesbaden GmbH
Die Anschrift der Gesellschaft ist: Abraham-Lincoln-Str. 46, 65189 Wiesbaden, Germany

An dieser Stelle möchte ich mich aufrichtig bei meinem Betreuer Herrn Prof. Dr. Kai Köhler bedanken. Er führte mich in dieses interessante Gebiet ein, von dem ich vorher noch nichts wusste, und stand mir bei jeder Frage und Beratung geduldig zur Seite.

Inhaltsverzeichnis

Einleitung

Beim Studium von Mannigfaltigkeiten sind die Kohomologie- und Homotopiegruppen feste Bestandteile, die zu den wichtigsten topologischen Invarianten gehören. Es existieren jedoch bestimmte Mannigfaltigkeiten, die Linsenräume, welche zwar die selben Kohomologie- und Homotopiegruppen besitzen können, jedoch nicht homöomorph sein müssen. Reidemeister und Franz führten aus diesem Grund im Jahre 1935 eine neue topologische Invariante ein, welche in der Lage war, zwischen diesen Räumen zu unterscheiden. Diese Invariante wird Reidemeister-Torsion genannt.

Der Atiyah-Singer-Indexsatz stellte die Möglichkeit her, gewisse topologische Informationen einer Mannigfaltigkeit analytisch darzustellen. Ray und Singer folgten 1971 ebenfalls dem Ziel, eine analytische Interpretation der Reidemeister-Torsion einzuführen. Sie konstruierten in ihrer Arbeit [RS71] mit Methoden aus der Analysis die analytische Torsion, assoziiert zu dem de Rham-Komplex, welche viele gemeinsame Eigenschaften mit der Reidemeister-Torsion aufweist. Dies veranlasste sie zu vermuten, dass diese beiden Größen übereinstimmen, welches jedoch zu dem Zeitpunkt noch nicht bewiesen werden konnte. Erst in den 1980ern konnten Cheeger und Müller unabhängig voneinander die Identität der beiden Torsionen zeigen.

Schon bereits in [R70] führte Ray eine äquivariante Version der analytischen Torsion ein, speziell bezüglich einer Darstellung der Fundamentalgruppe in S^1, und der Begriff der äquivarianten analytischen Torsion wurde dann allgemein in [K93] definiert, welcher in der Arakelov Geometrie von Bedeutung ist.

Eine wichtige Aufgabe in der Kontaktgeometrie ist es Invarianten zu finden, welche zwischen den Kontaktstrukturen unterscheiden können, sogenannte Kontakt-Invarianten. Analog zur analytischen Torsion konstruierten Rumin und Seshadri in [RuS12] für Kontakt-Mannigfaltigkeiten mit Hilfe eines speziellen Komplexes, den Rumin-Komplex, welcher die Rolle des de Rham-Komplexes bei der analytischen Torsion spielt, die Kontakt-Torsion. Sie muss notwendigerweise von der Kontaktstruktur abhängen, damit sie diese unterscheiden kann. Bei der Konstruktion hängt die Kontakt-Torsion jedoch von der Metrik ab, welche wiederum von weiteren Größen abhängt. Im Spezialfall einer 3-dimensionalen CR-Seifert-Mannigfaltigkeit konnten nützliche Eigenschaften der Kontakt-Torsion gezeigt werden, unter anderem sogar deren Gleichheit mit der Ray-Singer-Torsion.

In diesem Buch werden die Definition der Kontakt-Torsion und einige Resultate aus [RuS12] auf den äquivarianten Fall erweitert. Während die äquivariante holomorphe Torsion in der Arakelov-Geometrie Anwendung findet, konzentrieren wir hier uns mehr auf Variationsformeln in Abhängigkeit von den Fixpunkten der Operation einer Isometrie und untersuchen die äquivariante Torsion auf kontakt-invariante Eigenschaften. Das Buch ist dabei wie folgt aufgebaut.

- Präliminarien: Hier werden einige Sätze über symplektische Mannigfaltigkeiten wiedergegeben, welche später auf Kontakt-Mannigfaltigkeiten angewendet werden.

- Kapitel 1:   Für die Konstruktion der Kontakt-Torsion ist es hilfreich zu wissen, wie die analytische Torsion aufgebaut ist. Dies wird in diesem Kapitel erläutert.

- Kapitel 2:   In diesem Kapitel werden die für uns relevanten Grundlagen über Kontakt-Mannigfaltigkeiten und Aussagen über den Rumin-Komplex wiedergegeben.

- Kapitel 3:   Dieses Kapitel behandelt allgemein den Heisenbergkalkül, welcher später auf einen bestimmten Operator, den Kontakt-Laplace-Operator, angewendet wird, um eine asymptotische Entwicklung von dessen Wärmeleitungskern zu bekommen, welches für die Definition der Kontakt-Torsion benötigt wird.

- Kapitel 4:   In diesem Kapitel wird dann schließlich die äquivariante Kontakt-Torsion definiert. Die Motivation und Herleitung verläuft ähnlich wie in Kapitel 1 bei der analytischen Torsion.

- Kapitel 5:   In diesem Kapitel wird das Verhalten der äquivarianten Kontakt-Torsion im Hinblick auf die Variation der Metrik untersucht. Dabei werden sowohl die Fälle der fixpunktfreien Operation und der Operation mit isolierten Fixpunkten behandelt.

In diesem Buch wird das Grundwissen über Differentialgeometrie und globale Analysis als bekannt vorausgesetzt. Die differentialgeometrischen Grundlagen findet man in [K14] und die verwendete Notation orientiert sich auch streng, bis auf wenige Ausnahmen, an diesem Buch. Im Symbolverzeichnis können einige Notationen nochmal nachgeschlagen werden. Die Resultate aus der globalen Analysis findet man in [BGV92], [Gi84] und [Ro97]. Einige Aussagen aus anderen Teilgebieten werden ohne Beweis nur zitiert. Der Grund ist nicht nur der Umfang, sondern auch, weil die Resultate in Büchern zu finden sind, in denen sie bereits ausführlich erklärt wurden. Diese Quellen werden vor den Aussagen immer angegeben sein.
Alle Objekte in diesem Buch werden, sofern nichts anderes erwähnt wird, C^∞ sein, das heißt Mannigfaltigkeiten, Funktionen, Schnitte etc. werden immer als **glatt** vorausgesetzt.

Präliminarien: Symplektische Mannigfaltigkeiten

In diesem Kapitel werden einige grundlegende Aussagen über Kähler-mannigfaltigkeiten wiedergegeben. Es wird sich später herausstellen, dass diese Resultate auch auf Kontakt-Mannigfaltigkeiten anwendbar sind. Der Hauptgrund ist der, dass die gleich folgenden Aussagen, welche in einigen Literaturen wie zum Beispiel in [GH78] für Kähler-mannigfaltigkeiten bewiesen werden, wo die fast-komplexe Struktur integierbar ist, auch dann gelten, wenn die fast-komplexe Struktur nicht integrierbar ist. Daher gelten die Resultate auch für symplektische Mannigfaltigkeiten, wo die fast-komplexe Struktur mit der symplektischen Form kompatibel ist. Die Beweise dazu sind in dem Buch [W58] von Weil zu finden.

Als erstes wird eine Grundaussage über symplektische Mannigfaltigkeiten wiedergegeben, welche in den meisten Lehrbüchern über symplektische Geometrie/Topologie zu finden ist, wie zum Beispiel in [MS98], Proposition 2.63.

Satz 0.0.1. *Auf einer symplektischen Mannigfaltigkeit (M, ω) existiert eine fast-komplexe Struktur $J \in \Gamma(M, \mathrm{End}(TM))$, welche mit ω kompatibel ist, das heißt, sie besitzt die Eigenschaften*
a) $J^2 = -\mathrm{id}$,
b) $\omega(JX, JY) = \omega(X, Y)$ für alle $X, Y \in \Gamma(M, TM)$,
c) $\omega(X, JX) > 0$ für $X_{|p} \neq 0 \; \forall p \in M$.

Eine fast-komplexe Struktur, die Eigenschaft b) erfüllt, wird kalibriert *genannt. Die Abbildung $L : \mathfrak{A}^k(M) \to \mathfrak{A}^{k+2}(M)$, $\alpha \mapsto \omega \wedge \alpha$ heißt* Lefschetz-Abbildung. *Deren adjungierte Abbildung bezüglich der Metrik $g = \omega(\cdot, J\cdot)$ wird mit Λ bezeichnet .*

Satz 0.0.2. (Hodge-Identitäten) *Sei (M, ω) eine symplektische Man-nigfaltigkeit. Sei J die fast-komplexe Struktur auf M, welche mit ω kompatibel ist, so dass $g = \omega(\cdot, J\cdot)$ eine Metrik auf M ist. Sei außerdem $d^J = J^{-1}dJ$. Dann gilt*

$$[\Lambda, d] = -d^{J*} \ , \ [\Lambda, d^J] = d^* \ , \ [L, d^*] = d^J \ , \ [L, d^{J*}] = -d.$$

Es sei hier nochmals vermerkt, dass J nicht integrierbar sein muss.

Der Raum der *primitiven Differentialformen* $\mathfrak{A}_0^\bullet(M)$ ist gegeben durch $\mathfrak{A}_0^\bullet(M) = \mathfrak{A}^\bullet(M) \cap \ker \Lambda$. Ebenso sei $\mathfrak{A}_0^{p,q}(M) = \mathfrak{A}^{p,q}(M) \cap \ker \Lambda$, wobei hier L und Λ auf $TM \otimes_{\mathbf{R}} \mathbf{C}$ komplex linear fortgesetzt wurden. Die Abbildungen L und Λ kommutieren mit dem Hodge-Laplace-Operator Δ, so dass sie auf dem Raum der harmonischen Formen wohldefiniert sind. Dementsprechend setzt man $H_0^k(M) = H^k(M) \cap \ker \Lambda$ und $H_0^{p,q}(M) = H^{p,q}(M) \cap \ker \Lambda$.

Satz 0.0.3. *Auf $\mathfrak{A}^k(M)$ ist*

$$[\Lambda, L] = (n - k)\mathrm{id}.$$

Man kann mit Hilfe dieser und noch anderen Kommutator-Relationen die äußere Algebra und Kohomologie von M als eine $\mathfrak{sl}_2$-Darstellung betrachten. Damit kann man die folgenden zwei Sätze zeigen.

Satz 0.0.4 (Lefschetz-Zerlegung). *Für eine symplektische Mannigfal-tigkeit M hat man die folgenden Zerlegungen.*

$$\mathfrak{A}^m(M) = \bigoplus_{k \geq 0} L^k \mathfrak{A}_0^{m-2k}(M), \qquad H^m(M) = \bigoplus_{k \geq 0} L^k H_0^{m-2k}(M),$$

$$\mathfrak{A}^{p,q}(M) = \bigoplus_{k \geq 0} L^k \mathfrak{A}_0^{p-k,q-k}(M), \qquad H^{p,q}(M) = \bigoplus_{k \geq 0} L^k H_0^{p-k,q-k}(M).$$

Betrachtet man $\mathfrak{A}^{p,q}(M)$ als eine $U(n)$-Darstellung, dann ist $\mathfrak{A}^{p,q}(M) = \bigoplus_{k \geq 0} L^k \mathfrak{A}_0^{p-k,q-k}(M)$ eine Zerlegung von $\mathfrak{A}^{p,q}(M)$ in $U(n)$-irreduziblen Räumen.

Satz 0.0.5 (Harter Lefschetz-Satz). *Durch Multiplikation mit der Kählerform erhält man die Isomorphismen*

$$L^{n-k} \quad : \mathfrak{A}^k(M) \xrightarrow{\cong} \mathfrak{A}^{2n-k}(M) \qquad und$$

$$L^{n-k} \quad : H^k(M) \xrightarrow{\cong} H^{2n-k}(M) \qquad für \ \ k \leq n,$$

$$L^{n-(p+q)} : \mathfrak{A}^{p,q}(M) \xrightarrow{\cong} \mathfrak{A}^{n-q,n-p}(M) \quad und$$

$$L^{n-(p+q)} : H^{p,q}(M) \xrightarrow{\cong} H^{n-q,n-p}(M), für \ \ p+q \leq n.$$

Insbesondere ist L^r auf den jeweiligen Räumen für $r \leq n - k$ injektiv und für $r \geq n - k$ surjektiv.

∗Literatur∗

Die Grundbegriffe über komplexe Mannigfaltigkeiten findet man in [W58] oder [GH78] wieder. Satz 0.0.1 wurde wie bereits erwähnt aus [MS98] übernommen. Für die Tatsache, dass die Sätze auch für Mannigfaltigkeiten gelten, wo die fast-komplexe Struktur nicht integrierbar sein muss, wurde [W58] verwendet, wobei diese Erkenntnis in [Ru00], Seite 415, vermerkt wurde.

1 Die analytische Torsion

Die Ideen für die Definition der Kontakt-Torsion basieren stark auf denen der analytischen Torsion. Deswegen ist es von Vorteil, wenn man weiß, wie die analytische Torsion aufgebaut ist und wie deren Herleitung aussieht, welche in diesem Kapitel erklärt wird. Wir setzen hier außerdem voraus, dass eine gegebene Mannigfaltigkeit stets **geschlossen** ist.

1.1 Die Torsion eines Komplexes

Es sei $\mathbf{K} \in \{\mathbf{R}, \mathbf{C}\}$. Für einen endlich dimensionalen $\mathbf{K}$-Vektorraum V der Dimension n ist die Determinante von V der eindimensionale Vektorraum $\det V = \Lambda^n V$. Diese Definition wird für einen beschränkten Kokettenkomplex

$$(V^\bullet, d) = (\bigoplus_{k=0}^{n} V^k, d) : 0 \to V^0 \xrightarrow{d} V^1 \xrightarrow{d} \ldots \xrightarrow{d} V^n \to 0,$$

welcher endlich ist, das heißt die Vektorräume V^k sind endlich dimensional, erweitert. Wir werden hin und wieder einfach nur V statt $V^\bullet$ schreiben, sofern dies vom Kontext her eindeutig ist.

Definition 1.1.1. *Für einen eindimensionalen $\mathbf{K}$-Vektorraum L bezeichne $L^{-1} := \mathrm{Hom}_{\mathbf{K}}(L, \mathbf{K})$ seinen dualen Vektorraum. Die* Determinante *eines endlichen beschränkten Kokettenkomplexes $(V^\bullet, d) = (\bigoplus_{k=0}^{n} V^k, d)$ über $\mathbf{K}$ ist der eindimensionale $\mathbf{K}$-Vektorraum*

$$\det V^\bullet = \bigotimes_{k=0}^{n} (\det V^k)^{(-1)^k}.$$

Beispiel 1.1.2. *Die Determinante des Kokettenkomplex* $0 \to V \to$ $0 \cdots \to 0$ *ist gerade die Determinante des Vektorraums* V.

Die obige Definition überträgt sich auch auf die Kohomologie $H^{\bullet}(V) = \bigoplus_{k=0}^{n} H^k(V)$ von $(V^{\bullet}, d)$, wenn man sie als einen Kokettenkomplex mit trivialem Differential $d = 0$ betrachtet.

Ist $(V^{\bullet}, d)$ ein azyklischer Komplex, so können wir ihm ein kanonisches, nicht-triviales Element in $\det V^{\bullet}$ zuordnen, welcher wie folgt aussieht: Sei $n_k = \dim V^k$ und $s_0 = e_1 \wedge \cdots \wedge e_{n_0}$ ein nicht-triviales Element in $\det V_0$. Weil $(V^{\bullet}, d)$ azyklisch ist, ist $d : V_0 \to V_1$ injektiv und ds_0 ist ungleich Null. Nun wählen wir ein nicht-exaktes Element $s_1 \in \Lambda^{n_1 - n_0} V_1$ derart, dass $ds_0 \wedge s_1$ eine Basis von $\det V_1$ ist. Wegen der Azyklizität ist $ds_1 \neq 0$. Diese Prozedur wird auf diese Weise weiter fortgeführt (wähle ein nicht exaktes $s_k \in \Lambda^{N_k - \cdots + (-1^k) N_0} V^k$, für welches $ds_{k-1} \wedge s_k$ eine Basis von $\det V_k$ ist), so dass wir schließlich ein nicht-triviales Element $s_0 \otimes (ds_0 \wedge s_1)^{-1} \otimes (ds_1 \wedge s_2) \otimes \cdots \otimes (ds_{n-1})^{(-1^n)}$ in $\det V^{\bullet}$ erhalten.

Definition 1.1.3. *Das nicht-triviale Element*

$$T(V^{\bullet}, d) = s_0 \otimes (ds_0 \wedge s_1)^{-1} \otimes (ds_1 \wedge s_2) \otimes \cdots \otimes (ds_{n-1})^{(-1^n)} \in \det V^{\bullet}$$

heißt Torsionselement[1] *des azyklischen Komplexes* $(V^{\bullet}, d)$.

Das Torsionselement hängt dabei nicht von der Wahl der s_k, $k = 1, \ldots, n-1$, ab. Wählt man ein anderes s_k' statt s_k, dann ist $ds_{k-1} \wedge s_k' = \lambda ds_{k-1} \wedge s_k$ für ein $\lambda \in \mathbf{K} \setminus \{0\}$. Somit ist $s_k' = \lambda s_k$ und wir erhalten

$$(ds_{k-1} \wedge s_k')^{(-1)^k} \oplus (ds_k' \wedge s_{k+1})^{(-1)^{k+1}}$$
$$= \lambda^{(-1)^k} \lambda^{(-1)^{k+1}} (ds_{k-1} \wedge s_k)^{(-1)^k} \oplus (ds_k \wedge s_{k+1})^{(-1)^{k+1}}$$
$$= (ds_{k-1} \wedge s_k)^{(-1)^k} \oplus (ds_k \wedge s_{k+1})^{(-1)^{k+1}}.$$

Mit Hilfe des Torsionelementes sind wir jetzt bereit folgendes Resultat zu zeigen, welches erstmals von Knudsen und Mumford in [KM76] bewiesen wurde.

---

[1]In [BGS88] wird das Torsionselement Torsion genannt. Weil der Begriff der Torsion noch häufiger auftauchen wird, wurde der Begriff hier leicht verändert.

Proposition 1.1.4 (Knudsen-Mumford). *Man hat einen kanonischen Isomorphismus*

$$\det V^\bullet \cong \det H^\bullet(V).$$

Beweis. 1. Schritt: Sei erstmal $V^\bullet$ ein azyklisches Komplex. Wegen $\det\{0_{\mathbf{K}}\} = \mathbf{K}$ ist $\det H^\bullet(V) = \mathbf{K}$. Dann ist $\det V^\bullet \overset{\text{can.}}{\cong} \mathbf{K}$, indem wir das Torsionselement auf die 1 schicken.
2. Schritt: Jetzt sei $V^\bullet$ ein beliebiger Komplex. Wir betrachten die beiden exakten Sequenzen

$$0 \hookrightarrow d(V_k) \overset{d}{\to} \ker d_{|V_{k+1}} \twoheadrightarrow H^{k+1}(V,d) \to 0$$

$$0 \hookrightarrow \ker d_{|V_{k+1}} \hookrightarrow V_{k+1} \overset{d}{\to} d(V_{k+1}) \to 0,$$

womit wir nach Schritt 1 Isomorphismen

$$\mathbf{K} \cong \det d(V_k) \otimes (\det \ker d_{|V_{k+1}})^{-1} \otimes \det H^{k+1}(V,d)$$

$$\Leftrightarrow \det(\ker d_{|V_{k+1}}) \cong \det(d(V_k)) \otimes \det(H^{k+1}(V,d)),$$

$$\mathbf{K} \cong \det \ker d_{|V_{k+1}} \otimes (\det(V_{k+1}))^{-1} \otimes \det(d(V_{k+1}))$$

$$\Leftrightarrow \det(V_{k+1}) \cong \det(\ker d_{|V_{k+1}}) \otimes \det(d(V_{k+1}))$$

bekommen. Daraus folgt

$$\det(V_{k+1}) \cong \det(d(V_k)) \otimes \det H^{k+1}(V,d) \otimes \det(d(V_{k+1})),$$

wodurch sich durch Kürzen

$$\det V_0 \otimes (\det V_1)^{-1} \otimes \det V_2 \otimes \ldots$$
$$\cong \det H^0(V,d) \otimes (\det H^1(V,d))^{-1} \otimes \det H^2(V,d) \otimes \ldots$$

ergibt. □

Dieser Isomorphismus bringt den Vorteil mit sich, dass man auf $\det H^\bullet(V)$ Metriken erhält, welche ihren Ursprung in $\det V^\bullet$ haben.

Seien dazu $\|\ \|_{\det V^k}$ Metriken auf den $\det V^k$, $k = 1 \ldots, n$. Sie indu-
zieren eine Metrik

$$\|\ \|_{\det V^\bullet} = \prod_{k=0}^{n} \|\ \|_{(\det V^k)^{(-1)^k}}$$

auf $\det V^\bullet$ und mit Hilfe des Isomorphismus aus Proposition 1.1.4
bekommen wir dann eine Metrik $\|\ \|_{\det H^\bullet(V)}$ auf $\det H^\bullet(V)$. Die
Metrik hängt hier von den $\|\ \|_{\det V^k}$ ab. Neben dieser schauen wir uns
eine weitere Metrik an, welche aber jedoch direkt von Metriken auf
V^k abhängt. Sei also g eine Metrik auf $(V^\bullet, d)$, das soll heißen, dass
die V^k diesmal euklidische beziehungsweise unitäre Vektorräume mit
Metriken g^{V_k} sind und $g^V = \bigoplus_{k=0}^{n} g^{V_k}$ ist. Sei dann d^* die Adjungierte
zu d bezüglich dieser Metrik. Bezeichne wie üblich $\Delta = dd^* + d^*d$ den
Laplace-Operator. Durch die endlich dimensionale Hodge-Zerlegung
$\ker d = \ker \Delta \oplus \operatorname{im} d$ können wir die Kohomologie mit dem Raum der
harmonischen Formen identifizieren,

$$H^k(V) \cong \mathcal{H}^k(V) = \ker \Delta_{|V^k} = \{v \in V^k | dv = d^*v = 0\}.$$

Die Metrik g^{V^k} induziert eine Metrik auf $\ker \Delta_{|V^k} \subseteq V^k$, womit wir
durch den obigen Isomorphismus eine Metrik $|\ |_{\det H^k(V)}$ auf $\det H^k(V)$
bekommen.
Auf $H^\bullet(V)$ haben wir somit zwei Metriken, $\|\ \|_{\det H^\bullet(V)}$, welche nur
von den $\|\ \|_{\det V^k}$ abhängt, und $|\ |_{\det H^\bullet(V)} = \prod_{k=0}^{n} |\ |_{(\det H^k(V))^{(-1)^k}}$,
welche von den g^{V^k} abhängt. Für den Spezialfall, wo die Metriken
$\|\ \|_{\det V^k}$ ebenfalls von g^{V_k} induziert werden, was wir ab jetzt auch
annehmen, lässt sich ein Isomorphismus $\det V^\bullet \cong \det H^\bullet(V)$ auch
expliziter angeben:

$$\det H^\bullet(V) \xrightarrow{\cong \atop \varphi} \det \mathcal{H}^\bullet(V) \xrightarrow{\cong} \det \mathcal{H}^\bullet(V) \otimes \det \left(\mathcal{H}^\bullet(V)^\perp\right)$$
$$= \det \left(\mathcal{H}^\bullet(V) \oplus \mathcal{H}^\bullet(V)^\perp\right)$$
$$= \det V^\bullet$$
$$s \mapsto \qquad \varphi(s) \mapsto \varphi(s) \otimes T(\mathcal{H}^\bullet(V)^\perp, d)$$

Die Beziehung zwischen den beiden Metriken $\| \ \|_{\det H^\bullet(V)}$ und $| \ |_{\det H^\bullet(V)}$ werden wir uns jetzt genauer anschauen.

Definition 1.1.5. *Die* Torsion *eines Komplexes* (V, d) *mit einer Metrik g ist gegeben durch*

$$\tau(V, d, g)| \ |_{\det(H^\bullet(V,d))} = \| \ \|_{\det(H^\bullet(V,d))}.$$

Wir können davon ausgehen, dass die Torsion nicht nur im Namen etwas mit dem Torsionselement zu tun hat, weil Proposition 1.1.4 mit Hilfe des Torsionelementes bewiesen wurde.

Proposition 1.1.6. *Sei $P_k = \det(d^*d_{|V^k \cap (\ker d)^\perp})$. Dann ist die Torsion gegeben durch*

$$\tau(V, d, g) = \|T(\mathcal{H}^\bullet(V)^\perp, d)\|_{\det \mathcal{H}^\bullet(V)^\perp} = \prod_{k=0}^{n} P_k^{\frac{(-1)^{k+1}}{2}}$$

Beweis. Für $s \in H^\bullet(V)$ ungleich Null ist mit den Bezeichnungen vor Definition 1.1.5

$$\tau(V, d, g) = \frac{\|s\|_{\det(H^\bullet(V,d))}}{|s|_{\det(H^\bullet(V,d))}}$$

$$= \frac{\|\varphi(s) \otimes T(\mathcal{H}^\bullet(V)^\perp, d)\|_{\det \mathcal{H}^\bullet(V) \otimes \det \mathcal{H}^\bullet(V)^\perp}}{|\varphi(s)|_{\det(\mathcal{H}^\bullet(V)}}$$

$$= \frac{\|\varphi(s)\|_{\det \mathcal{H}^\bullet(V)} \cdot \|T(\mathcal{H}^\bullet(V)^\perp, d)\|_{\det \mathcal{H}^\bullet(V)^\perp}}{|\varphi(s)|_{\det(\mathcal{H}^\bullet(V)}}$$

$$= \|T(\mathcal{H}^\bullet(V)^\perp, d)\|_{\det \mathcal{H}^\bullet(V)^\perp}.$$

Mit $d_k := d_{|V^k}$ hat man die Isomorphismen

$$d_k \quad : \ker(d_k)^\perp \xrightarrow{\cong} \operatorname{im}(d_k) = (\ker d_{k+1}^*)^\perp \quad \text{und}$$

$$d_{k+1}^* : \operatorname{im}(d_k) \quad \xrightarrow{\cong} \ker(d_k)^\perp = \operatorname{im}(d_{k+1}^*),$$

welche einen Isomorphismus

$$\det\left(\ker(d_k)^{\perp}\right) \xrightarrow{\cong} \det\left(\operatorname{im}(d_k)\right)$$

induzieren, der ebenfalls mit d_k bezeichnet wird. Damit hat man eine Isometrie

$$\det(d_{k+1}^* d_k)^{-1/2} d_k : \det\left(\ker(d_k)^{\perp}\right) \to \det\left(\operatorname{im}(d_k)\right).$$

Wählen wir $s_k \in \det(\ker d_{|V_k})^{\perp}$, so bekommen wir

$$\|ds_k \wedge s_{k+1}\|_{\det H^{\bullet}(V,d)^{\perp}}$$
$$= \|ds_k\|_{\det H^{\bullet}(V,d)^{\perp}} \|s_{k+1}\|_{\det H^{\bullet}(V,d)^{\perp}}$$
$$= P_k^{1/2} \|s_k\|_{\det H^{\bullet}(V,d)^{\perp}} \|s_{k+1}\|_{\det H^{\bullet}(V,d)^{\perp}}.$$

Somit erhalten wir

$$\tau(V,d,g)$$
$$= \|T(\mathcal{H}^{\bullet}(V)^{\perp}, d)\|_{\det \mathcal{H}^{\bullet}(V)^{\perp}} = \prod_{k=0}^{n} \|ds_k \wedge s_{k+1}\|_{\det \mathcal{H}^{\bullet}(V,d)^{\perp}}^{(-1)^{k+1}}$$
$$= \prod_{k=0}^{n} P_k^{\frac{(-1)^{k+1}}{2}} \left(\|s_k\|_{\det \mathcal{H}^{\bullet}(V,d)^{\perp}}\right)^{(-1)^{k+1}} \left(\|s_{k+1}\|_{\det \mathcal{H}^{\bullet}(V,d)^{\perp}}\right)^{(-1)^{k+1}}$$
$$= \prod_{k=0}^{n} P_k^{\frac{(-1)^{k+1}}{2}}.$$

$\square$

Diese Ergebnisse versuchen wir jetzt auf einen bestimmten Komplex anzuwenden, den de Rham-Komplex $(\mathfrak{A}^{\bullet}(M), d)$, wobei hier M eine geschlossene, n-dimensionale Mannigfaltigkeit ist. Dieser Komplex ist jedoch nicht endlichdimensional, darum betrachten wir gewisse endlichdimensionale Teilkomplexe, welche eine Art „Approximation" des de Rham-Komplexes darstellen sollen. Die Ergebnisse für diesen Teilkomplex sollen uns dann motivieren, die Torsion des de Rham-Komplexes zu definieren.

Für den Hodge-Laplace-Operator Δ bezeichne Δ_k dessen Einschränkung auf k-Formen, $\sigma(\Delta_k)$ die Menge den Eigenwerte von Δ_k und schließlich $\text{Eig}_\mu \Delta_k$ der Eigenraum von Δ_k zum Eigenwert μ. Für $\lambda > 0$ setzen wir dann

$$V^k_{]0,\lambda]} := \{\Delta_k \leq \lambda\} = \bigoplus_{\mu \in \sigma(\Delta_k) \cap]0,\lambda]} \text{Eig}_\mu \Delta_k.$$

Aufgrund der Kompaktheit von M ist $V^k_{]0,\lambda]}$ endlichdimensional. Nun können wir die Torsion des Komplexes $(V^\bullet_{]0,\lambda]}, d)$ bestimmen.

Proposition 1.1.7. *Die Torsion von* $(V^\bullet_{]0,\lambda]}, d)$ *ist*

$$\tau((V^\bullet_{]0,\lambda]}, d, g) = \prod_{k=0}^{n} \det(\Delta_k|V^\bullet_{]0,\lambda]})^{-(-1)^k k/2}.$$

Beweis. Mit $d_k := d_{|V^k_{]0,\lambda]}}$ hat man wieder den Isomorphismus

$$d_{k-1} : \ker(d_{k-1})^\perp \xrightarrow{\cong} \text{im}(d_{k-1}) = (\ker d_k^*)^\perp.$$

Als erstes bemerken wir, dass $d_k^* d_{k-1}$ auf $\ker(d_{k-1})^\perp$ dieselben Eigenwerte hat wie $d_{k-1} d_k^*$ auf $\ker(d_k^*)^\perp$:

$$d_k^* d_{k-1|\ker(d_{k-1})^\perp} \alpha = \lambda\alpha$$

$$\Rightarrow \quad d_{k-1}(d_k^* d_{k-1|\ker(d_{k-1})^\perp}\alpha) = \lambda d_{k-1}\alpha$$

$$\Leftrightarrow \quad d_{k-1} d_k^*{}_{|\ker(d_k^*)^\perp} d_{k-1}\alpha = \lambda d_{k-1}\alpha,$$

das heißt, ist λ ein Eigenwert von $d_k^* d_{k-1|\ker(d_{k-1})^\perp}$ mit Eigenform α, dann ist λ ein Eigenwert von $(d_{k-1} d_k^*)_{|\ker(d_k^*)^\perp}$ mit Eigenform $d_{k-1}\alpha$ und umgekehrt, wenn man d^* statt d nimmt. Dadurch ist insbesondere $\det(d_{k-1} d_k^*{}_{|\ker(d_k^*)^\perp}) = \det(d_k^* d_{k-1|\ker(d_{k-1})^\perp})$. Indem wir jetzt die Hodge-Zerlegung unter der Tatsache, dass $\ker(\Delta_k|V^k_{]0,\lambda]}) = 0$ ist nutzen, bekommen wir

$$\det(\Delta_k|V^k_{]0,\lambda]}) = \det(d_{k-1} d_k^* + d_{k+1}^* d_k)_{|\ker(d_k^*)^\perp \oplus \ker(d_k)^\perp}$$

$$= \det(d_{k-1}d^*_{k\,|\ker(d^*_k)^\perp}) \det(d^*_{k+1}d_{k\,|\ker(d_k)^\perp})$$

$$= \det(d^*_k d_{k-1\,|\ker(d_{k-1})^\perp}) \det(d^*_{k+1}d_{k\,|\ker(d_k)^\perp}) = P_{k-1}P_k,$$

mit $P_k = \det(d^*d|V^k_{]0,\lambda]} \cap (\ker d)^\perp)$. Damit können wir Lemma 1.1.6 anwenden und erhalten

$$\prod_{k=0}^n \det(\Delta_k|V^\bullet_{]0,\lambda]})^{-(-1)^k k} = \prod_{k=0}^n P_{k-1}^{(-1)^{k+1}k} P_k^{(-1)^{k+1}k}$$

$$= \prod_{k=0}^n P_k^{(-1)^{k+1}} = \tau((V^\bullet_{]0,\lambda]}, d, g)^2.$$

$\square$

Für einen euklidischen/unitären Raum V und eine Abbildung $\Delta \in \mathrm{GL}(V)$, welche selbstadjungiert ist und positive Eigenwerte hat, ist

$$e^{\mathrm{Tr}\log\Delta} = \det(\Delta).$$

Für die auf ganz $\mathbf{C}$ holomorphe Zetafunktion

$$\zeta(\Delta)(s) = \mathrm{Tr}\,\Delta^{-s}$$

ist $\zeta'(\Delta)(0) = -\mathrm{Tr}\log\Delta$, das heißt man hat

$$\det(\Delta) = e^{-\zeta'(\Delta)(0)}.$$

Proposition 1.1.7 motiviert uns dazu, die Torsion des de Rham-Komplexes als $e^{\frac{1}{2}\sum_{k=1}^n (-1)^k k \zeta'(\Delta_k)(0)}$ zu setzen. Aber Vorsicht: Wir dürfen hier nicht voreilig sein, denn zum Einen kann der Laplace-Operator auch die Null als Eigenwert haben (hat also einen Kohomologie-Anteil) und zum Anderen ist die Zeta-Funktion keine ganze Funktion mehr. Das ist aber kein Grund zum Verzweifeln, denn wir werden im nächsten Abschnitt sehen, dass die Zeta-Funktion eine meromorphe Funktion auf $\mathbf{C}$ definiert, welche bei Null sogar holomorph ist.

1.2 Die analytische Torsion

Für den Hodge-Laplace-Operator $\Delta = (d + d^*)^2$ auf einer riemannschen Mannigfaltigkeit M der Dimension n bezeichne $k_t(x, y)$ seinen
Wärmeleitungskern. Aus der globalen Analysis ist es bekannt, dass

$$\operatorname{Tr} e^{-t\Delta} = \int_M \operatorname{Tr} k_t(x, x) \mathrm{dvol}_g(x)$$

eine asymptotische Entwicklung

$$\operatorname{Tr} e^{-t\Delta} \overset{t \to 0}{\sim} \sum_{j=0}^{\infty} \int_M a_j(\Delta)(x) \mathrm{dvol}_g(x) t^{j - \frac{n}{2}} \tag{1.2.1}$$

besitzt. Es bezeichnen nun $\sigma^*(\Delta) = \sigma(\Delta) \setminus \{0\}$ und $\operatorname{Eig}^*_\lambda(\Delta) = \operatorname{Eig}_\lambda(\Delta) \setminus \{0\}$. Dann definiert man die *Zeta-Funktion des Hodge-
Laplace-Operators* als

$$\zeta(\Delta)(s) = \sum_{\lambda \in \sigma(\Delta)^*} \lambda^{-s}, \quad s \in \mathbf{C} \text{ mit } \operatorname{Re} s \gg 0.$$

Satz 1.2.1. *Die Zeta-Funktion ist für* $\operatorname{Re} s > \frac{n}{2}$ *holomorph und
lässt sich zu einer meromorphen Funktion auf ganz* $\mathbf{C}$ *fortsetzen mit
einfachen Polen an den Stellen* $s = \frac{n}{2}, \frac{n}{2} - 1, \dots, \frac{n}{2} - [\frac{n-1}{2}]$.

Beweis. Betrachte für $\operatorname{Re} s > 0$ die Gamma-Funktion

$$\Gamma(s) = \int_0^\infty t^{s-1} e^{-t}.$$

Für einen Eigenwert $\lambda > 0$ von Δ hat man durch die Substitution
$t \to \lambda t$ die Identität

$$\lambda^{-s} = \frac{1}{\Gamma(s)} \int_0^\infty t^{s-1} e^{-t\lambda} dt,$$

wodurch, wenn wir mit $\mathcal{P}$ die Orthogonalprojektion auf $\ker \Delta$ bezeichnen, sich die Zeta-Funktion schreiben lässt als

$$\zeta(\Delta)(s) = \frac{1}{\Gamma(s)} \int_0^\infty t^{s-1} \Big(\sum_{\lambda \in \sigma(\Delta)} e^{-t\lambda} - \dim \ker \Delta \Big) dt$$

$$= \frac{1}{\Gamma(s)} \int_0^\infty t^{s-1} \operatorname{Tr}(e^{-t\Delta} - \mathcal{P})dt$$

$$= \frac{1}{\Gamma(s)} \int_0^1 t^{s-1} \operatorname{Tr}(e^{-t\Delta} - \mathcal{P})dt$$

$$+ \frac{1}{\Gamma(s)} \int_1^\infty t^{s-1} \operatorname{Tr}(e^{-t\Delta} - \mathcal{P})dt$$

$$=: \mathrm{I} + \mathrm{II}.$$

Wegen $\Gamma(s) \neq 0$ und weil $\operatorname{Tr}(e^{-t\Delta} - \mathcal{P})$ für $t \to \infty$ exponentiell fällt, stellt das zweite Integral II eine ganze Funktion dar. Für das erste Integral benutzen wir die asymptotische Entwicklung (1.2.1) und erhalten für festes $N > \frac{n}{2}$ und $a_j(\Delta) := \int_M a_j(\Delta)(x)$

$$\mathrm{I} = \frac{1}{\Gamma(s)} \int_0^1 t^{s-1} \Big(\sum_{j=0}^N a_j(\Delta) t^{j-\frac{n}{2}} + \mathcal{O}(t^{N+1-\frac{n}{2}}) - \dim \ker \Delta \Big)$$

$$= \frac{1}{\Gamma(s)} \Big(\sum_{j=0}^N \int_0^1 a_j(\Delta) t^{s-1+k-\frac{n}{2}} \Big) dt - \int_0^1 t^{s-1} \dim \ker \Delta dt$$

$$+ \int_0^1 \mathcal{O}(t^{N+1-\frac{n}{2}}) t^{s-1} dt$$

$$= \frac{1}{\Gamma(s)} \Big(\sum_{j=0}^N \frac{1}{s+j-\frac{n}{2}} a_j(\Delta) - \frac{1}{s} \dim \ker \Delta + \mathrm{R}(s) \Big),$$

wobei $R(s)$ den beschränkten Rest bezeichnet. Dadurch sehen wir, dass das Integral I für $\operatorname{Re} s > \frac{n}{2}$ eine holomorphe Funktion darstellt, welche sich meromorph fortsetzen lässt mit den in der Behauptung genannten einfachen Polen.   □

Mit Hilfe dieser bei Null holomorphen Zeta-Funktion sind wir jetzt in der Lage die analytische Torsion zu definieren.

Definition 1.2.2. *Für eine n-dimensionale riemannsche Mannigfaltigkeit* (M, g) *ist die* analytische Torsion *gegeben durch*

$$T(M, g) = e^{\frac{1}{2} \sum_{k=1}^n (-1)^k k \zeta'(\Delta_k)(0)}.$$

Beispiel 1.2.3. *Betrachte die S^1 mit der flachen Metrik. Eine Orthonormalbasis von $L^2(S^1, \mathbf{C})$ ist gegeben durch $\{e^{i\vartheta} \mapsto e^{i\vartheta n} | n \in \mathbf{Z}\}$. Der Laplace-Operator ist $-\frac{d^2}{d\vartheta^2}$ und wegen $\Delta e^{i\vartheta n} = n^2 e^{i\vartheta n}$ sind die Eigenwerte von Δ gegeben durch $\{n^2 | n \in \mathbf{N}_0\}$. Die Zeta-Funktion auf Funktionen ist somit*

$$\zeta(\Delta_0)(s) = \sum_{n=1}^{\infty} n^{-2s} = \zeta_R(2s),$$

wobei ζ_R die riemmansche zeichnet, für die $\zeta_R'(0) = -\frac{1}{2}\log(2\pi)$ gilt. Damit ist $\zeta'(\Delta_0)(0) = -\log(2\pi)$ und wegen $\zeta(\Delta_0) = \zeta(\Delta_1)$ ist die analytische Torsion von S^1 bezüglich der flachen Metrik

$$T(S^1) = e^{\frac{1}{2}\log(2\pi)} = \sqrt{2\pi}.$$

Man kann zeigen, dass diese Größe auf Mannigfaltigkeiten gerader Dimension verschwindet und dass sie eine von der Metrik unabhängige Invariante definiert, welche mit der Reidemeister-Torsion übereinstimmt. Es ist auch möglich, eine holomorphe Torsion auf komplexen Mannigfaltigkeit bezüglich des Dolbeault-Komplexes zu definieren und diese auf holomorphe hermitische Vektorbündeln, welche nicht notwendigerweise flach sein müssen, zu erweitern. Dies alles werden wir jedoch nicht wiedergeben, denn wir werden uns für den folgenden Fall interessieren:

Wir betrachten die Situation, in der eine Gruppe G isometrisch von links auf M operiert. Die Operation von G auf M induziert eine Operation von G auf $\mathfrak{A}^\bullet(M)$ durch $\gamma \cdot \alpha = \gamma\alpha := \gamma^{-1*}\alpha$, für $\gamma \in G$ und $\alpha \in \mathfrak{A}^\bullet(M)$. Als pull-back kommutiert γ mit dem de Rham-Operator d und ist somit auf $H^\bullet(M)$ wohldefiniert. Nun ist für $s \in \Gamma(M, \Lambda^k T^*M)$

$$(\gamma e^{-t\Delta} s)(x) = \gamma \cdot \int_{\{x\} \times M} k_t(x, y) s(y) dy$$

$$= \int_{\{\gamma^{-1}x\} \times M} \gamma^{-1*} k_t(\gamma^{-1}x, y) s(y) dy,$$

das heißt $\gamma^{-1*}k_t(\gamma^{-1}x, y)$ ist der Kern von $\gamma e^{-t\Delta}$, wobei γ^{-1*} auf die x-Variable operiert. Wir definieren $(\gamma^{-1*}k_t)(x, y) := \gamma^{-1*}k_t(\gamma^{-1}x, y)$. Falls die Fixpunktmenge Ω von γ aus Untermannigfaltigkeiten N_i der Dimension n_i besteht, so hat man eine asymptotische Entwicklung

$$\text{Tr}\,\gamma e^{-t\Delta} \overset{t\to 0}{\sim} \sum_{N_i \in \Omega} \sum_{j=0}^{\infty} t^{j-\frac{n_i}{2}} \int_{N_i} a_j(\Delta)(x)\text{dvol}_{N_i}(x). \qquad (1.2.2)$$

Diese Aussage, die man in Lehrbüchern wie [BGV92] oder [Gi84] wiederfindet, wurde von Donnelly in [Do76] erstmals bewiesen. Dies ermöglicht uns, die folgende Zeta-Funktion bezüglich γ zu betrachten:

$$\zeta(\Delta_k, \gamma)(s) := \sum_{\lambda \in \sigma^* \Delta_k} \text{Tr}\,\gamma_{|_{\text{Eig}_\lambda(\Delta_k)}} \lambda^{-s}.$$

Sie ist für Re $s \gg 0$ holomorph und besitzt eine meromorphe Fortsetzung auf ganz $\mathbf{C}$, welche bei $s = 0$ holomorph ist. Das zeigt man analog zu Satz 1.2.1 mit Hilfe der obigen asymptotischen Entwicklung. Für eine n-dimensionale riemannsche Mannigfaltigkeit (M, g) ist dann die *äquivariante analytische Torsion bezüglich* γ gegeben durch

$$T(M, g, \gamma) = e^{\frac{1}{2} \sum_{k=1}^{n} (-1)^k k \zeta'(\Delta_k, \gamma)(0)}.$$

Sie wurde schon bereits bei der Untersuchung von Linsenräumen in [R70] eingeführt und in [K97] für symmetrische Räume berechnet. Es wird unser Ziel sein, ein ähnliches Objekt für Kontakt-Mannigfaltigkeiten zu untersuchen. Aber vorher müssen wir die Grundbegriffe aus der Kontaktgeometrie kennenlernen, was uns auch im nächsten Kapitel erwartet.

Literatur

Für den endlichdimensionalen Zugang zur Torsion in Abschnitt 1.1 wurde [BGS88] und [RuS12] verwendet. Die Idee für die Berechnung der Torsion in Proposition 1.1.7 wurde aus [RuS12] übernommen, wobei dort der Rumin-Komplex betrachtet wurde. Der zweite Abschnitt basiert auf [RS71], wobei noch zusätzlich [Gi84] und [Ro97] für die meromorphe Fortsetzung der Zeta-Funktion verwendet wurden. Für die äquivariante analytische Torsion wurden [BGV92], [Gi84], [Do76], [KR01] und [LR91] herangezogen.

2 Kontaktgeometrie

In diesem Kapitel werden die für uns relevanten Grundbegriffe der Kontaktgeometrie wiedergegeben. Besonders wichtig wird für uns der Rumin-Komplex sein, welchen man als eine Art Verfeinerung des de Rham-Komplexes ansehen kann, speziell für Kontakt-Mannigfaltigkeiten. Weil der Fokus mehr auf der Analysis auf Kontakt-Mannigfaltigkeiten als auf deren Topologie liegt, werden viele wichtige differentialtopologische Aussagen nicht auftauchen, welche jedoch bei der Visualisierung von Kontakt-Mannigfaltigkeiten oft hilfreich sind. Diese können zum Beispiel in [G08] nachgeschlagen werden.

2.1 Kontakt-Mannigfaltigkeiten

Definition 2.1.1. *Sei M eine $2n + 1$ dimensionale Mannigfaltigkeit. Eine* Kontaktstruktur *auf M ist ein Untervektorbündel $H \subset TM$ vom Rang $2n$, so dass lokal um jeden Punkt von M eine 1-Form $\theta \in \mathfrak{A}^1(M)$ existiert, welche auf H verschwindet und für die $\theta \wedge (d\theta)^n_{|_p} \neq 0$ für alle $p \in M$ gilt, wobei $(d\theta)^n := (d\theta)^{\wedge n}$ ist. Eine* Kontakt-Mannigfaltigkeit *(M, H) ist eine Mannigfaltigkeit M zusammen mit solch einer Kontaktstruktur H.*

Der Name Kontakt-Mannigfaltigkeit geht auf die Arbeit *Zur Theorie partieller Differentialgleichung* von Lie aus dem Jahre 1872 zurück, wo er den Begriff der *Berührungstransformation* einführte. Was genau diese Transformation mit Kontakt-Mannigfaltigkeiten zu tun haben, kann in [G08] ab Seite 6 nachgelesen werden.

Beispiel 2.1.2. *Betrachte auf dem* $\mathbf{R}^{2n+1}$ *mit den Koordinaten* $(x_1, y_1, \ldots, x_n, y_n, z)$ *die 1-Form*

$$\theta = dz + \sum_{i=1}^{n} x_i dy_i.$$

Dann ist

$$(d\theta)^n = (\sum_{i=1}^{n} dx_i \wedge dy_i)^n$$

$$= \sum_{k_1 + \cdots + k_n = n} \frac{n!}{k_1! \cdot \cdots \cdot k_n}(dx_1 \wedge dy_1)^{k_1} \wedge \cdots \wedge (dx_n \wedge dy_n)^{k_n}$$

$$= n! dx_1 \wedge dy_1 \wedge \cdots \wedge dx_n \wedge dy_n.$$

und somit ist

$$\theta \wedge (d\theta)^n = n! dx_1 \wedge dy_1 \wedge \cdots \wedge dx_n \wedge dy_n \wedge dz \neq 0.$$

Beispiel 2.1.3. *Der 3-dimensionale Torus* $T^3 = \mathbf{R}^3 / (2\pi\mathbf{Z})^3$ *besitzt die Struktur einer Kontakt-Mannigfaltigkeit. Eine Kontaktform ist gegeben durch*

$$\theta = \cos z dx + \sin z dy$$

gegeben, denn es ist $d\theta = \sin z dx \wedge dz - \cos z dy \wedge dz$ *und damit ist*

$$\theta \wedge d\theta = -\cos^2 z dx \wedge dy \wedge dz + \sin^2 z dy \wedge dx \wedge dz = -dx \wedge dy \wedge dz \neq 0.$$

Die durch diese Kontaktform definierte Kontaktstruktur ist die Stan-dardkontaktstruktur *des* T^3. *Diese ist gegeben durch*

$$H = \ker \theta = span\{-\sin z \frac{\partial}{\partial x} + \cos z \frac{\partial}{\partial y}, \frac{\partial}{\partial z}\}.$$

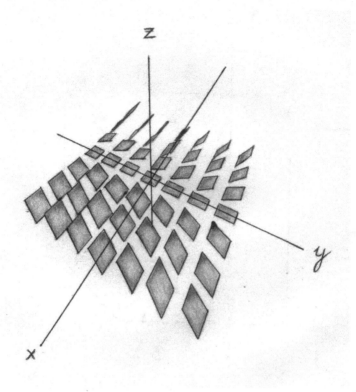

Abbildung 2.1: Kontaktstruktur[1]des $\mathbf{R}^3$

---

[1]Die Abbildung wurde aus [G08] entnommen.

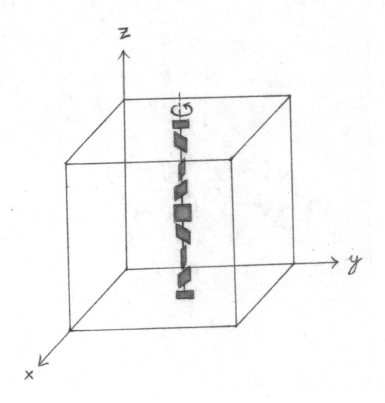

Abbildung 2.2: Kontaktstruktur von T^3

Man kann die Kontakt-Bedingung $\theta \wedge (d\theta)^n_{|p} \neq 0$ auch durch $(d\theta)^n_{|H_p} \neq 0$ ersetzen, weil sie äquivalent sind: Dazu stattet man M mit einer riemannschen Metrik aus, was immer möglich ist. Sei dann $H^\perp$ das orthogonale Komplement von H in TM. Ist nun $(d\theta)^n_{|H_p} = 0$, dann ist für $Y \in H_p^\perp$ und $X_1, \ldots X_{2n} \in H_p$

$$\theta \wedge (d\theta)^n_{|p}(Y, X_1, \ldots, X_n) = \theta(Y)(d\theta)^n_{|H_p}(X_1, \ldots, X_n) = 0$$

und somit ist $\theta \wedge (d\theta)^n_{|p} = 0$. Umgekehrt, falls $(d\theta)^n_{|H_p} \neq 0$ ist, dann gibt es Vektoren $X_1, \ldots X_{2n} \in H_p$ mit $(d\theta)^n_{|H_p}(X_1, \ldots X_{2n}) \neq 0$. Für

$Y \in H_p^{\perp}$ folgt daraus

$$(\theta \wedge (d\theta)^n_{|_p})(Y, X_1, \ldots, X_{2n}) = \theta(Y)(d\theta)^n_{|_{H_p}}(X_1, \ldots X_{2n}) \neq 0.$$

Insbesondere sehen wir bei einer Kontakt-Mannigfaltigkeit, wegen $(d\theta)^n_{|_{H_p}} \neq 0$, dass $d\theta_{|_{H_p}}$ eine alternierende Form vom maximalen Rang ist, das heißt, $(H_p, d\theta_{|_{H_p}})$ ist ein symplektischer Vektorraum für alle $p \in M$.

Man kann ein Untervektorbündel $H \subset TM$ vom Rang $2n$ lokal immer als Kern einer nicht verschwindenden 1-Form darstellen. Dazu statten wir M wieder mit einer riemannschen Metrik aus und definieren $\theta = g(X, \cdot) = X^{\flat}$, wobei X ein lokaler, nicht-trivialer Schnitt in $H^{\perp}$ ist. Findet man global solch ein X, das heißt falls $H^{\perp}$ orientierbar ist, so ist θ global definiert. Die Form θ ist ebenfalls global definiert, falls M orientierbar ist: Weil $H^{\perp}$ Rang eins hat, ist

$$\Lambda^{2n+1}(T^*M) = \Lambda^{2n+1}\big(H^* \oplus (H^{\perp})^*\big) \cong (H^{\perp})^* \otimes \Lambda^{2n}(H^*).$$

Ist $\omega = \omega_1 \otimes \omega_2 \in (H^{\perp})^* \otimes \Lambda^{2n}(H^*)$ eine Volumenform auf M, dann ist $\omega_1 \neq 0$ auf $H^{\perp}$. Setzt man $X = \omega_1^{\sharp}$, dann ist θ global definiert. Wir werden in diesem Buch nur Kontakt-Mannigfaltigkeiten betrachten, bei der **die Kontaktstruktur global durch eine 1-Form θ gegeben** ist und setzen dies immer voraus. In diesem Fall nennt man die Differentialform dann eine *Kontaktform* und $\theta \wedge (d\theta)^n$ ist eine Volumenform auf M, die *Kontaktvolumenform*, welche mit dvol bezeichnet wird. Dabei können mehrere unterschiedliche Kontaktformen ein und dieselbe Kontaktstruktur definieren.

Lemma 2.1.4. *Sei (M, H) eine Kontakt-Mannigfaltigkeit und θ eine Kontaktform mit $\ker \theta = H$. Dann ist für eine Funktion $f \in C^{\infty}(M)$ ohne Nullstellen $f\theta$ wieder eine Kontaktform die H definiert. Ist umgekehrt $\tilde{\theta}$ eine weitere Kontaktform mit $\ker \tilde{\theta} = H$, dann ist $\tilde{\theta} = f\theta$ für eine Funktion $f \in C^{\infty}(M)$ ohne Nullstellen.*

Beweis. Wegen der alternierenden Eigenschaft des Dachproduktes ist

$$(f\theta) \wedge (d(f\theta))^n = (f\theta) \wedge (df \wedge \theta + f d\theta)^n$$

$$= (f\theta) \wedge \left(\sum_{k=1}^{n} \binom{n}{k} (df \wedge \theta)^{n-k} \wedge (fd\theta)^k \right)$$

$$= (f\theta) \wedge \left(n(df \wedge \theta) \wedge (fd\theta)^{n-1} + (fd\theta)^n \right)$$

$$= (f\theta) \wedge (fd\theta)^n$$

$$= f^{n+1}\theta \wedge (d\theta)^n \neq 0,$$

das heißt $f\theta$ ist eine Kontaktform und es ist $\ker f\theta = \ker \theta = H$. Für den Verschwindungsraum $H^0 \subset T^*M$ von H ist $rg(H^0) = rg(T^*M) - rg(H^*) = 1$, wobei rg den Rang eines Vektorbündels bezeichnet. Wegen $\theta \in H^0$ ist $\tilde{\theta} = f\theta$ für eine Funktion $f \in C^\infty(M)$ und wegen $\ker \tilde{\theta} = H$ hat f keine Nullstellen, sonst wäre an diesen Stellen $\ker \tilde{\theta} = TM \neq H$. $\square$

Weil eine Kontakt-Mannigfaltigkeit mit einer Kontaktstruktur ausgestattet ist, sollte ein Morphismus zwischen ihnen diese zusätzliche Struktur berücksichtigen.

Definition 2.1.5. *Eine Abbildung* $\varphi : (M_1, H_1) \to (M_2, H_2)$ *zwischen Kontakt-Mannigfaltigkeiten heißt* Kontaktomorphismus, *falls* φ *ein Diffeomorphismus ist mit* $Tf(H_1) = H_2$.

Ist φ ein Kontaktomorphismus, dann ist, wegen $(\varphi^*\theta_2) \wedge (\varphi^*\theta_2)^n = \varphi^*(\theta \wedge (d\theta)^n)$, die Form $\varphi^*\theta_2$ eine Kontaktform. Wegen $T\varphi(H_1) = H_2$ ist $\ker \varphi^*\theta_2 = H_1$, das heißt nach Lemma 2.1.4 ist $\varphi^*\theta_2 = f\theta_1$ für eine Funktion f ohne Nullstellen. Ist umgekehrt $\varphi^*\theta_2 = f\theta_1$ für ein Diffeomorphismus φ und eine nirgendwo verschwindenen Funktion f, dann ist

$$v \in Tf(H_1) \Leftrightarrow v = Tf(w) \text{ mit } w \in \ker \theta_1 = \ker f\theta_1 = \ker \varphi^*\theta_2$$

$$\Leftrightarrow 0 = \varphi^*\theta_2(w) = \theta_2(Tf(w)) = \theta_2(v)$$

$$\Leftrightarrow v \in H_2,$$

das heißt φ ist ein Kontaktomorphismus. Dass ein Diffeomorphismus φ ein Kontaktomorphismus ist, ist also äquivalent zu der Existenz einer Funktion f ohne Nullstellen mit $\varphi^*\theta_2 = f\theta_1$.

Man kann Kontakt-Mannigfaltigkeiten aus einem größeren Blickwinkel betrachten, denn sie gehören zu einer sehr allgemeinen Klasse von Mannigfaltigkeiten, den sogenannten Heisenberg-Mannigfaltigkeiten:

Definition 2.1.6. *Eine Heisenberg-Mannigfaltigkeit ist eine Mannigfaltigkeit M zusammen mit einem Untervektorbündel $H \subset TM$ vom Rang $\dim_{\mathbf{R}}(M) - 1$.*

Der Begriff der Heisenberg-Mannigfaltigkeit wurde unter anderem in [BG88] eingeführt. Dort wurde ein Symbolenkalkül für eine bestimmte Klasse von Operatoren auf Heisenberg-Mannigfaltigkeiten entwickelt. Dieser Kalkül basiert dabei auf die Heisenberggruppe, was auch die Motivation für den Namen dieser Mannigfaltigkeiten ist. Näheres dazu wird in Kapitel 3 erklärt

Wir werden jetzt noch eine weitere Heisenberg-Mannigfaltigkeit betrachten, welche mit den Kontakt-Mannigfaltigkeiten stark verwandt ist.

Definition 2.1.7. *Sei M eine $2n + 1$ dimensionale orientierbare Mannigfaltigkeit. Eine CR-Struktur auf M ist ein komplexes Untervektorbündel $T_{1,0} \subset T_{\mathbf{C}}M := TM \otimes \mathbf{C}$ vom Rang n mit folgenden Eigenschaften:*

a) $T_{1,0} \cap T_{0,1} = 0$, wobei mit $T_{0,1}$ das komplex-konjugierte Vektorbündel $\overline{T_{1,0}}$ gemeint ist,

b) $T_{1,0}$ ist integrierbar, das heißt für $X, Y \in \Gamma(M, T_{1,0})$ ist $[X, Y] \in \Gamma(M, T_{1,0})$.

Eine CR-Mannigfaltigkeit $(M, T_{1,0})$ ist eine Mannigfaltigkeit M zusammen mit solch einer CR-Struktur $T_{1,0}$.

Sei $f : \mathbf{C}^{n+1} \to \mathbf{R}$ eine nicht negative, glatte Funktion. Betrachte das beschränkte Gebiet $D = \{z \in \mathbf{C}^{n+1} | f(z) < 1\}$ und dessen Rand $\partial D = \{z \in \mathbf{C}^{n+1} | f(z) = 1\}$. Falls ∂D eine glatte Mannigfaltigkeit ist, dann ist sie eine reelle Untermannigfaltigkeit von $\mathbf{C}^{n+1} \cong \mathbf{R}^{2n+2}$ mit reeller Kodimension 1, eine *reelle Hyperfläche*. Sie ist dann eine CR-Mannigfaltigkeit mit CR-Struktur $T_{1,0} = T_{\mathbf{C}}(\partial D) \cap T^{1,0}\mathbf{C}^{n+1}$, weil sowohl $T_{\mathbf{C}}(\partial D)$ als auch $T^{1,0}\mathbf{C}^{n+1}$ integrierbar sind.

Die Buchstaben „CR" kommen von „Cauchy-Riemann". Ist eine Funktion f auf einer reellen Hyperfläche M gegeben, so stellte man sich die Frage, man vergleiche [KoR65], unter welchen Bedingungen f zu einer holomorphen Funktion definiert auf einer Umgebung von M fortgesetzt werden kann. Es stellte sich heraus, dass f notwendigerweise bestimmte Differentialgleichungen, den „tangentialen Cauchy-Riemann-Gleichungen", welche man als eine Art tangentialen Anteil der üblichen Cauchy-Riemann-Differentialgleichungen auf dem $\mathbf{C}^n$ ansehen kann, lösen muss. Später wurden die reellen Hyperflächen dann zu den (abstrakten) CR-Mannigfaltigkeiten verallgemeinert.

Definition 2.1.8. *Eine CR-Mannigfaltigkeit heißt* streng pseudokonvex, *falls es eine nirgendwo verschwindende reelle 1-Form θ gibt, welche auf $T_{1,0} \oplus T_{0,1}$ verschwindet, mit der Eigenschaft, dass die Form $L(X,Y) = -id\theta(X, \overline{Y})$, mit $X, Y \in \Gamma(M, T_{1,0})$, positiv definit ist. Die Form L wird* Levi-Form *genannt.*

Für eine reelle Hyperfläche $\{f = 1\}$ ist $\bar{\partial}f(T_{1,0} \oplus T_{0,1}) = 0$ und $-id\bar{\partial}f = -i\partial\bar{\partial}f$. Wählt man $\theta = i\bar{\partial}f$, dann ist die Hyperfläche streng pseudokonvex, falls die Form $\partial\bar{\partial}f$ positiv definit ist, das heißt für $X \in \Gamma(M, T_{1,0})$ soll $\partial\bar{\partial}f(X, \overline{X}) > 0$ sein.

Nun könnte man irritiert sein, warum der Buchstabe θ sowohl in obiger Definition, als auch für Kontaktformen verwendet wird. Die Beziehung zwischen CR- und Kontakt-Mannigfaltigkeiten sollte deswegen jetzt erläutert werden. Für eine Kontakt-Mannigfaltigkeit (M, H) zusammen mit einem Schnitt $J \in \Gamma(M, \mathrm{End}(H))$ mit $J^2 = -1$, sofern diese existiert, haben wir eine Zerlegung $H \otimes \mathbf{C} = T_{1,0} \oplus T_{0,1}$ in die $\pm i$-Eigenräume von J. Falls dann $[T_{1,0}, T_{1,0}] \subseteq T_{1,0}$ gilt, dann ist M eine CR-Mannigfaltigkeit mit CR-Struktur $T_{1,0}$. Ist umgekehrt $(M, T_{1,0})$ eine streng pseudokonvexe CR-Mannigfaltigkeit, dann ist

$d\theta$ auf $H = \mathbf{R}(T_{1,0} \oplus T_{0,1})$ nicht-ausgeartet, so dass (M, H) eine Kontakt-Mannigfaltigkeit ist mit Kontaktform θ.

Beispiel 2.1.9.
Betrachtet man die Sphäre $S^{2n+1} = \{z \in \mathbf{C}^{n+1} | \|z\|_{Std.}^2 = 1\}$, mit der Standardmetrik $\|z\|_{Std.}^2 = \sum_{k=1}^{n+1} |z_k|^2$ auf dem $\mathbf{C}^{n+1}$, als in $\mathbf{C}^{n+1}$ eingebettet, so ist sie eine CR-Mannigfaltigkeit. Die durch diese Einbettung induzierte CR-Struktur $T_{1,0} = T_{\mathbf{C}}(S^{2n+1}) \cap T^{1,0}\mathbf{C}^{n+1}$ ist die Standard-CR-Struktur der Sphäre. Außerdem ist

$$\partial\bar{\partial}f(z) = \partial\bar{\partial}\sum_{k=1}^{n} z_k\bar{z}_j = \partial\sum_{k=1}^{n} z_k d\bar{z}_k = \sum_{k=1}^{n} dz_k \wedge d\bar{z}_k$$

positiv definit, wodurch S^{2n+1} eine Kontakt-Mannigfaltigkeit ist. Die zugehörige Kontaktform ist dann $i\bar{\partial}f$, wobei wir für die Sphäre hauptsächlich die Kontaktform

$$\theta = \bar{\partial}f(z) = \sum_{k=1}^{n} z_k d\bar{z}_k$$

betrachten werden.

Auch wenn diese Kontaktform von der Standard-CR-Struktur kommt, ist sie nicht die Standardkontaktstruktur der Sphäre. Man kann zeigen, siehe [G08], dass die Form $\sum_{k=1}^{n+1}(x_k dy_k - y_k dx_k)$ eine Kontaktform auf S^{2n+1} ist. Die durch diese Form definierte Kontaktstruktur ist dann die *Standardkontaktstruktur* der Sphäre.

Bei der Frage, wann eine Kontakt-Mannigfaltigkeit eine CR-Struktur trägt, sind wir der fast-komplexen Struktur $J \in \Gamma(M, \text{End}(H))$ begegnet. Nun ist $(H_p, d\theta|_{H_p})$ für jedes $p \in M$ ein symplektischer Vektorraum. Damit garantiert uns Satz 0.0.1, dass es solch ein J gibt, welche mit $d\theta$ kompatibel ist. Die Bilinearform $d\theta(\cdot, J\cdot)$ ist damit eine Metrik auf H. Sie wird *Levi-Metrik* oder auch ebenfalls *Levi-Form* genannt. Mit dieser Levi-Form wollen wir als nächstes eine Kontakt-Mannigfaltigkeit mit einer ausgezeichneten Metrik ausstatten, zu deren besonderen Eigenschaften man noch ein spezielles Vektorfeld benötigt.

Definition 2.1.10. *Sei* (M, H) *eine Kontakt-Mannigfaltigkeit mit Kontaktform* θ. *Das* Reeb-Vektorfeld T *sei ein Vektorfeld auf* M *mit den Eigenschaften*

$$d\theta(T, \cdot) = 0 \qquad und \qquad \theta(T) = 1.$$

Wegen der Homotopieformel kann man die Bedingung $d\theta(T, \cdot) = 0$ auch durch $\mathcal{L}_T(\theta) = 0$ ersetzen, wobei $\mathcal{L}_T$ die Lie-Ableitung[1] längs T bezeichnet.

Dass solch ein Vektorfeld existiert und auch noch eindeutig ist, werden wir jetzt überprüfen. Für jedes $p \in M$ ist $d\theta_{|T_pM}$ eine schiefe Form auf einem ungeraden dimensionalen Vektorraum, das heißt sie ist ausgeartet und es existiert somit ein $T_p \in T_pM$ mit $d\theta(T_p, \cdot)_{|T_pM} = 0$. Alle weiteren Vektoren mit dieser Eigenschaft sind Vielfache von T_p, weil $d\theta_{|H_p}$ nicht-ausgeartet ist, das heißt $d\theta_{|T_pM}$ hat Rang $2n$. Wegen der Nicht-Degeneriertheit von $d\theta_{|H_p}$ kann T_p nicht in H liegen und damit ist $\theta(T_p) \neq 0$. Wir können $\theta(T_p) = 1$ annehmen, denn sonst können wir $\theta(T_p)^{-1}T_p$ statt T_p nehmen. Die einzelnen Linien T_p, $p \in M$, hängen glatt von p ab, weil θ selbst eine glatte Form ist mit $\theta(T_p) = 1$ für alle $p \in M$, das heißt die Linien bilden ein eindeutiges glattes Vektorfeld T. Damit ist die Existenz und Eindeutigkeit eines Reeb-Vektorfeldes gezeigt und wir können dann von *dem* Reeb-Vektorfeld sprechen. Es sei hier vermerkt, dass das Reeb-Vektorfeld nicht nur von der Kontaktstruktur, sondern wirklich von der Kontaktform abhängt.

Reeb-Vektorfelder tauchten zum ersten Mal 1952 in der Arbeit *Sur certaines propriétés topologiques des trajectoires des systèmes dynamiques* von Reeb auf. Im selben Artikel wurde auch gezeigt, dass das Bündel der Tangentialvektoren der Länge eins eine Kontakt-Mannigfaltigkeit ist.

---

[1]In diesem Buch wird anders als in [K14] die Lie-Ableitung mit $\mathcal{L}$ bezeichnet, weil der Buchstabe L bereits für die Lefschetzabbildung verwendet wird.

Beispiel 2.1.11. *Für die Sphäre mit der Kontaktform* $\theta = \sum_{k=1}^{n+1} z_k d\bar{z}_k$
aus Beispiel 2.1.9 betrachte das Vektorfeld

$$T = \sum_{j=1}^{n+1} \bar{z}_j \frac{\partial}{\partial \bar{z}_j} - z_j \frac{\partial}{\partial z_j}.$$

Es ist

$$\theta(T) = \sum_{k=1}^{n+1} z_k d\bar{z}_k \Big(\sum_{j=1}^{n+1} \bar{z}_j \frac{\partial}{\partial \bar{z}_j} - z_j \frac{\partial}{\partial z_j} \Big) = \sum_{k=1}^{n+1} z_k \bar{z}_k = \|z\|_{Std.}^2 = 1.$$

Ebenso ist $\bar{\theta} = -1$, *so dass die Form* $\theta + \bar{\theta}$ *auf* $\mathbf{R}T$ *verschwindet. Weil sie ebenfalls auf* $H = \ker \theta$ *gleich Null ist, verschwindet sie auf ganz* $TM = H \oplus \mathbf{R}T$. *Damit erhalten wir*

$$\iota_T d\theta = \iota_T \sum_{k=1}^{n+1} dz_k \wedge d\bar{z}_k = \sum_{k=1}^{n+1} dz_k(T) d\bar{z}_k - d\bar{z}_k(T) dz_k = -\theta - \bar{\theta} = 0.$$

Nun haben wir alles zur Verfügung, um eine Metrik anzugeben, für die T orthogonal zu H ist:

$$g = d\theta(\cdot, J\cdot) + \theta \otimes \theta.$$

Wir sehen schnell, dass g eine Metrik auf $TM = H \oplus \mathbf{R}T$ definiert. Auf H ist $\theta \otimes \theta = 0$ und mit Proposition 0.0.1 ist g eine Metrik auf H. Durch die Eigenschaften des Reeb-Vektorfeldes ist außerdem $g(T,T) = 1$ und $g(X,T) = 0$ für $X \in \Gamma(M, H)$. Dadurch wird M eine riemannsche Mannigfaltigkeit mit $H \perp \mathbf{R}T$ und $\|T\| = 0$. Solch eine Metrik, die von einer kalibrierten, fast-komplexes Struktur J abhängt, wird als eine *kalibrierte Metrik* bezeichnet. Bezüglich solch einer Metrik ist

$$T^\flat = \theta \quad und \quad (\theta \wedge)^* = \iota_{\theta\#} = \iota_T$$

Beispiel 2.1.12. *Für den Torus T^3 aus Beispiel 2.1.3 mit der Kontaktform $\theta = \cos z\,dx + \sin z\,dy$ ist das zugehörige Reebvektorfeld*

$$T = \cos z \frac{\partial}{\partial x} + \sin z \frac{\partial}{\partial y}.$$

Die Kontaktstruktur war $H = span\{-\sin z\frac{\partial}{\partial x} + \cos z\frac{\partial}{\partial y}, \frac{\partial}{\partial z}\}$. Wir betrachten den schiefen Endomorphismus $J \in \Gamma(T^3, \text{End}(H))$ mit

$$J = \begin{pmatrix} 0 & 0 & -\sin z \\ 0 & 0 & \cos z \\ \sin z & -\cos z & 0 \end{pmatrix}, \quad J^2 = \begin{pmatrix} -\sin^2 z & \sin z \cos z & 0 \\ \cos z \sin z & -\cos^2 z & 0 \\ 0 & 0 & -1 \end{pmatrix}.$$

Dann ist

$$J^2(-\sin z \frac{\partial}{\partial x} + \cos z \frac{\partial}{\partial y}) = \begin{pmatrix} \sin^3 z + \sin z \cos^2 z \\ -\cos z \sin^2 z - \cos^3 z \\ 0 \end{pmatrix}$$

$$= \sin z \frac{\partial}{\partial x} - \cos z \frac{\partial}{\partial y}$$

und $J^2(\frac{\partial}{\partial z}) = -\frac{\partial}{\partial z}$, das heißt es ist $J^2 = -\text{id}_H$. Sei dann g die zugehörige kalibrierte Metrik. Erstmal haben wir

$$\theta(\frac{\partial}{\partial x}) = \cos z, \quad \theta(\frac{\partial}{\partial y}) = \sin z, \quad \theta(\frac{\partial}{\partial z}) = 0 \quad und$$

$$d\theta = \sin z\,dx \wedge dz - \cos z\,dy \wedge dz.$$

Damit ist

$$g(\frac{\partial}{\partial x}, \frac{\partial}{\partial x}) = d\theta(\frac{\partial}{\partial x}, J\frac{\partial}{\partial x}) + \theta(\frac{\partial}{\partial x})^2 = \sin z\,d\theta(\frac{\partial}{\partial x}, \frac{\partial}{\partial z}) + \cos^2 z = 1$$

$$g(\frac{\partial}{\partial x}, \frac{\partial}{\partial y}) = -\cos z\,d\theta(\frac{\partial}{\partial x}, \frac{\partial}{\partial z}) + \cos z \sin z = 0$$

Auf gleiche Weise ist $g(\frac{\partial}{\partial x_i}, \frac{\partial}{\partial x_j}) = \delta_{ij}$, $0 \leq i, j \leq 3$ mit $x_1 = x$, $x_2 = y$ und $x_3 = z$. Das heißt g ist gerade die flache Metrik auf dem Torus.

Dass man wie in dem Beispiel etwas explizit ausrechnen kann, stellt eher die Ausnahme dar. Über Kontakt-Mannigfaltigkeit höherer Dimension ≥ 3 ist nur wenig bekannt. Erst 1979 wurde von Lutz bewiesen, dass der 5-dimensionale Torus eine Kontaktstruktur besitzt, indem er eine Kontaktform explizit angegeben hat. Im Jahr 2002 wurde dann von Bourgeois gezeigt, man vergleiche [G08], Seite 348, dass alle ungeraden Tori eine Kontaktstruktur besitzen, und es konnten neue höherdimensionale Kontakt-Mannigfaltigkeiten konstruiert werden via differentialtopologische Techniken wie Kontakt-Chirurgien und offene Bücher.

Es sei nochmals erwähnt, dass die Metrik hier sowohl von der Kontaktform θ, als auch von der fast-komplexen Struktur J auf H abhängt. Dies sollten wir uns im Hinterkopf behalten. Nun haben wir zwei Volumenformen, die riemannsche Volumenform dvol_g, welche auf dem ersten Blick noch von J abhängt, und die Kontaktvolumenform $\mathrm{dvol} = \theta \wedge (d\theta)^n$. Die Beziehung zwischen den beiden wird jetzt erläutert.

Proposition 2.1.13. *Für die beiden Volumenformen* dvol_g *und* dvol *ist*

$$\mathrm{dvol} = n!\mathrm{dvol}_g.$$

Beweis. Für $p \in M$ beliebig sei U eine hinreichend kleine Umgebung um p und $X_1 \in \Gamma(U, H)$ ein Vektorfeld auf H_U mit Länge 1. Dann ist für $X_n = JX_1$ mit der Kalibriertheit der Metrik

$$g(X_n, T) = d\theta(X_1, T) + \theta(JX_1)\theta(T) = 0$$

und

$$g(X_1, X_n) = d\theta(X_1, X_1) = 0,$$

das heißt X_n ist orthogonal zu X_1 und T, welches außerdem Länge 1 hat. Als nächstes wähle ein Vektorfeld X_2 der Länge 1 auf U, welches orthogonal zu X_1, X_n und T ist. Dann ist $X_{n+1} = JX_2$ wie oben orthogonal zu X_1, X_2, X_n und T und hat die Länge 1. Führt man diesen Prozess fort, so erhält man eine lokale Orthonormalbasis

$\{X_1, X_{n+1}, \ldots, X_n, X_{2n}, T\}$ um p. Es bezeichne $\theta^j = X_j^\flat$, dann hat $d\theta$ lokal die Form

$$d\theta = \sum_{j=1}^{n} \theta^j \wedge \theta^{n+j}.$$

Damit hat mit der selben Rechnung wie in Beispiel 2.1.2 die riemannsche Volumenform lokal die Form

$$\mathrm{dvol}_g = \theta^1 \wedge \theta^{n+1} \wedge \cdots \wedge \theta^n \wedge \theta^{2n} \wedge \theta = \frac{1}{n!}(d\theta)^n \wedge \theta = \frac{1}{n!}\theta \wedge (d\theta)^n.$$

$\square$

Die in dem Beweis konstruierte lokale Orthonormalbasis wird als *zulässig* oder als eine *J-Basis* bezeichnet. Im nächsten Abschnitt werden wir uns Differentialformen auf Kontakt-Mannigfaltigkeiten genauer anschauen.

2.2 Der Rumin-Komplex

1. Zerlegung des de Rham-Operators

Es bezeichne $\mathfrak{A}^\bullet(H)$ den Raum der Differentialformen, die durch ι_T verschwinden. Wegen $\theta(T) = 1$ ist $(\mathbf{R}T)^* = \mathbf{R}\theta$ und weil $\mathbf{R}T$ eindimensional ist, hat man

$$\Lambda^k(T^*M) = \Lambda^k(H^* \oplus \mathbf{R}T^*) = \bigoplus_{i=0}^{k} \Lambda^{k-i}(H) \wedge \Lambda^i(\mathbf{R}T^*)$$

$$= \Lambda^k(H) \oplus \Lambda^{k-1}(H^*) \wedge \theta,$$

wodurch sich die äußere Algebra von M in *horizontale* und *vertikale* Differentialformen zerlegen lässt:

$$\mathfrak{A}^\bullet(M) = \mathfrak{A}^\bullet(H) \oplus \theta \wedge \mathfrak{A}^\bullet(H).$$

Der Raum der horizontalen Differentialformen lässt sich wegen $(\theta\wedge)^* = \iota_T$ auch darstellen als

$$\mathfrak{A}^\bullet(H) = \ker \iota_T = (\mathrm{im}\, \theta\wedge)^\perp \cong \mathfrak{A}^\bullet(M)/(\theta\wedge),$$

wobei $(\theta \wedge) = \{\theta \wedge \alpha | \alpha \in \mathfrak{A}^\bullet(M)\}$ das von θ erzeugte Ideal in $\mathfrak{A}^\bullet(M)$ ist.

Analog zum Lefschetz-Operator bezeichne L den Operator auf $\mathfrak{A}^\bullet(H)$ mit $L\alpha = d\theta \wedge \alpha$. Ist dann $\alpha = \alpha_H + \theta \wedge \alpha_T$ die Zerlegung von α in seine horizontalen und vertikalen Komponenten, so untersuchen wir jetzt, wie sich $d\alpha$ zerlegen lässt. Dazu sei $d_b := \pi_{\mathfrak{A}^\bullet(H)} \circ d$, wobei $\pi_{\mathfrak{A}^\bullet(H)}$ die Orthogonalprojektion auf $\mathfrak{A}^\bullet(H)$ bezeichnet. Nun ist erstmal $d(\alpha_H) = d_b(\alpha_H) + \theta \wedge \beta$ für irgendeine Form $\beta \in \mathfrak{A}^\bullet(H)$. Weil sowohl β als auch $d_b\alpha$ horizontale Formen sind, das heißt $\iota_T \beta = d_b\alpha = 0$ ist, ist $\iota_T d(\alpha_H) = \beta$. Wegen $\iota_T \alpha_H = 0$ ist mit der Homotopieformel $\beta = \mathcal{L}_T \alpha_H$, das heißt wir haben schon mal

$$d(\alpha_H) = d_b(\alpha_H) + \theta \wedge \mathcal{L}_T \alpha_H. \tag{2.2.1}$$

Sei nun $d(\alpha_T) = d_b(\alpha_T) + \theta \wedge \gamma$ wieder für irgendeine Form $\gamma \in \mathfrak{A}^\bullet(H)$. Wegen $\theta \wedge \theta = 0$ haben wir

$$\theta \wedge d(\alpha_T) = \theta \wedge d_b(\alpha_T).$$

Fassen wir diese Ergebnisse zusammen, so ergibt sich

$$
\begin{aligned}
d\alpha &= d(\alpha_H) + d\theta \wedge \alpha_T - \theta \wedge d(\alpha_T) \\
&= d_b(\alpha_H) + \theta \wedge \mathcal{L}_T \alpha_H + d\theta \wedge \alpha_T - \theta \wedge d_b \alpha_T \\
&= (d_b\alpha_H + d\theta \wedge \alpha_T) + \theta \wedge (\mathcal{L}_T \alpha_H - d_b\alpha_T).
\end{aligned}
$$

Wir haben also folgende Zerlegung des de Rham-Operators:

$$d = \begin{pmatrix} d_b & L \\ \mathcal{L}_T & -d_b \end{pmatrix}.$$

2. Der Tanaka-Operator

Der Operator $d_b = \pi_{\mathfrak{A}^\bullet(H)} \circ d : \mathfrak{A}^k(H) \to \mathfrak{A}^{k+1}(H)$ aus Teil 1 wird für

uns von besonderer Bedeutung sein. Er wird *Tanaka-Operator* genannt.
Auf $\mathfrak{A}^\bullet(H)$ können wir mit (2.2.1) d_b schreiben als

$$d_b = d - (\theta \wedge) \circ \mathcal{L}_T.$$

Der Operator d_b geht auf Tanaka zurück, welcher ihn in [Ta75] eingeführt hat. Dort
wurde er noch auf CR-Mannigfaltigkeiten studiert um unter anderem Aussagen
über deren Kohomologie in Verbindung mit $\ker \Delta_b = \ker(d_b d_b^* + d_b^* d_b)$ zu erhalten.

Im Gegensatz zu dem de-Rahm-Operator verschwindet das Quadrat
dieses Operators nicht, genauer:

Proposition 2.2.1. *Für den Tanaka-Operator d_b gelten folgende Gleichungen.*

$$d_b^2 = -L\mathcal{L}_T = -\mathcal{L}_T L \quad und \quad 0 = [d_b, L] = [d_b, \mathcal{L}_T] = [L, \mathcal{L}_T].$$

Beweis. Wir haben

$$0 = d^2 = \begin{pmatrix} d_b & L \\ \mathcal{L}_T & -d_b \end{pmatrix}^2 = \begin{pmatrix} d_b{}^2 - L\mathcal{L}_T & d_b L - L d_b \\ \mathcal{L}_T d_b - d_b \mathcal{L} & \mathcal{L}_T L + d_b{}^2 \end{pmatrix},$$

wodurch die ersten vier Gleichungen folgen. Desweiteren ist $[L, \mathcal{L}_T] = L\mathcal{L}_T - \mathcal{L}_T L = -d_b^2 + d_b^2 = 0$. $\qquad\square$

Auch wenn $\big(\mathfrak{A}^\bullet(H), d_b\big)$ nicht immer ein Komplex bildet, ist dessen Theorie die von Kählermannigfaltigkeiten ähnlich. Der rein algebraische Beweis der Lefschetz-Zerlegung und vom harten Lefschetz-Satz überträgt sich problemlos auf diesen Fall, so dass man mit $\mathfrak{A}_0^\bullet H = \mathfrak{A}^\bullet H \cap \ker \Lambda$, wobei Λ die Adjungierte von L bezeichnet, ebenfalls zum Beispiel eine Zerlegung

$$\mathfrak{A}^\bullet H = \bigoplus_{k=0}^n L^k \mathfrak{A}_0^\bullet H$$

und einen Isomorphismus

$$L^{n-k} : \mathfrak{A}^k(H) \xrightarrow{\cong} \mathfrak{A}^{2n-k}(H)$$

bekommt, welche wir auch als Lefschetz-Zerlegung beziehungsweise harter Lefschetz-Satz bezeichnen. Insbesondere ist auch hier L^r für $r \leq n - k$ injektiv und für $r \geq n - k$ surjektiv. Bei den Hodge-Identitäten muss man dagegen vorsichtiger sein, weil wir hier noch keinen Hodge-Stern-Operator zur Verfügung haben. Wir werden später näher darauf eingehen.

3. Der Rumin-Komplex, Teil 1.

Um aus $\big(\mathfrak{A}^\bullet(H), d_b\big)$ einen Komplex zu erhalten, werden wir kleinere Unterräume von ihm anschauen. Dazu betrachten wir die folgenden Räume:

$$\mathcal{E}^\bullet = \{\alpha \in \mathfrak{A}^\bullet(H) | \Lambda\alpha = 0\} = \mathfrak{A}^\bullet(M) \cap \ker \iota_T \cap \ker \Lambda$$

und

$$\mathcal{J}^\bullet = \mathfrak{A}^\bullet(M) \cap \ker(\theta\wedge) \cap \ker L.$$

Den Raum $\mathcal{E}^k = \mathfrak{A}^\bullet(H) \cap \ker \Lambda$ sehen wir als Unterraum $\mathfrak{A}^k(H)$ an. Aber was ist mit $\mathcal{J}^k$? Wir bemerken, dass

$$\theta\wedge : \mathfrak{A}^\bullet(H) \cap \ker L \to \mathcal{J}^k$$
$$\alpha \to \theta \wedge \alpha$$

ein Isomorphismus ist: Erstmal landet wegen $\theta \wedge \theta = 0$ die Abbildung im richtigen Raum. Außerdem ist für $\alpha \in \mathfrak{A}^\bullet(H)$ nach Definition $\iota_T(\alpha) = 0$, das heißt wir erhalten $\iota_T(\theta \wedge \alpha) = \alpha$, womit die Abbildung ein Isomorphismus ist mit inverse Abbildung ι_T.

Kommen wir nun zum Differential. Auf $\mathcal{E}^\bullet$ betrachten wir den Operator $d'_H := \pi_{\mathcal{E}^\bullet} \circ d_b$, wobei $\pi_{\mathcal{E}^\bullet}$ die Orthogonalprojektion auf $\mathcal{E}^\bullet$ bezeichnet. Nach Definition ist also $d'_H(\mathcal{E}^\bullet) \subseteq \mathcal{E}^\bullet$. Wegen $(d_b^*)^2 = -\mathcal{L}_T^*\Lambda$ ist außerdem $(d_b^*)^2 = 0$ auf $\mathcal{E}^\bullet$, das heißt auch $(d'_H)^2$ verschwindet auf diesem Bündel. Auf $\mathcal{J}^\bullet$ induziert der de Rham-Operator einen Differential, das wir wieder mit d'_H bezeichnen. Für $\alpha \in \mathcal{J}^k$ ist $\theta \wedge d\alpha = d\theta \wedge \alpha - d(\theta \wedge \alpha) = 0$ und $d\theta \wedge d\alpha = d(d\theta \wedge \alpha) = 0$, das heißt es ist $d'_H(\mathcal{J}^k) \subseteq \mathcal{J}^{k+1}$.

Lemma 2.2.2. *Es ist $\mathcal{E}^\bullet = 0$ für $k \geq n-1$ und $\mathcal{J}^k = 0$ für $k \leq n-1$.*

Beweis. Die Abbildung $L = d\theta\wedge$ ist nach dem harten Lefschetz-Satz mit $r = 1$ für $k \leq n-1$ injektiv und für $k \geq n-1$ surjektiv. Aus der Injektivität bekommt man $\mathcal{J}^k = 0$ für $k \leq n-1$ und aus der Surjektivität bekommt man $\mathcal{E}^\bullet = 0$ für $k \geq n-1$, wegen $\ker \Lambda = \ker(d\theta\wedge)^* = (\operatorname{im} d\theta\wedge)^\perp$.   □

Was uns jetzt noch fehlt ist ein Operator, der diese beiden Teilkomplexe miteinander verbinden soll.

Lemma 2.2.3. *Sei $D' : \mathcal{E}^n \to \mathcal{J}^{n+1}$ der Operator gegeben durch*

$$D' = (\theta\wedge) \circ (\mathcal{L}_T + d_b L^{-1} d_b).$$

Er erfüllt $d'_H D' = 0$ und $D' d'_H = 0$

Beweis. Es bezeichne $D_1 := \mathcal{L}_T + d_b L^{-1} d_b$ und für $\alpha \in \mathcal{E}^n$ sei $\beta := L^{-1} d_b \alpha$. Es ist $\theta \wedge d\beta = \theta \wedge d_b \beta + \theta \wedge \theta \wedge \mathcal{L}_T \beta = \theta \wedge d_b \beta$, womit wir

$$D'\alpha = \theta \wedge \mathcal{L}_T \alpha + \theta \wedge d_b \beta = d\alpha - d_b \alpha + \theta \wedge d\beta$$
$$= d\alpha - d\theta \wedge \beta + \theta \wedge d\beta = d(\alpha - \theta \wedge \beta)$$

bekommen. Mit dieser Exaktheit und $d^2 = 0$ bekommen wir dann $d'_H D\alpha = 0$. Bevor wir dann $D' d'_H = 0$ zeigen, verifizieren wir erst einmal, dass das Bild von D' auch tatsächlich in $\mathcal{J}^{n+1}$ liegt. Wegen $\theta \wedge \theta = 0$ haben wir schonmal $D'\alpha \in \ker \theta\wedge$. Wenn wir $D_1 := \mathcal{L}_T + d_b L^{-1} d_b$ setzen, dann bekommen wir wegen der Exaktheit von $D'\alpha$

$$0 = d(\theta \wedge D_1 \alpha) = d\theta \wedge D_1 \alpha \Rightarrow d\theta \wedge D'\alpha = 0.$$

Sei jetzt $\alpha \in \mathcal{E}^{n-1}$. Wegen $\ker \Lambda = \ker(d\theta\wedge)^* = (\operatorname{im} d\theta\wedge)^\perp$ ist $d'_H \alpha = \pi_{\mathcal{E}^n} d_b \alpha = d_b \alpha - d\theta\wedge\gamma$ für eine Form $\gamma \in \mathcal{E}^{n-2}$. Wegen $d_b^2 = -(d\theta\wedge)\circ\mathcal{L}_T$ erhalten wir

$$d_b L^{-1} d_b d'_H \alpha = d_b L^{-1} \big(d_b^2 \alpha - d_b(d\theta \wedge \gamma) \big)$$

$$= d_b L^{-1} \big(- d\theta \wedge \mathcal{L}_T \alpha - d\theta \wedge d_b \gamma \big)$$
$$= -d_b \mathcal{L}_T \alpha + d\theta \wedge \mathcal{L}_T \gamma = -\mathcal{L}_T d_b \alpha + d\theta \wedge \mathcal{L}_T \gamma, \quad (2.2.2)$$

wobei wir bei der letzten Gleichung $[d_b, \mathcal{L}_T] = 0$ aus Proposition 2.2.1 benutzt haben. Wegen $\mathcal{L}_T(d\theta) = (d \circ \iota_T)d\theta = 0$ ist außerdem

$$\mathcal{L}_T d'_H \alpha = \mathcal{L}_T d_b \alpha - \mathcal{L}_T(d\theta \wedge \gamma) = \mathcal{L}_T d_b \alpha - d\theta \wedge \mathcal{L}_T \gamma. \quad (2.2.3)$$

Mit (2.2.2) und (2.2.3) bekommen wir schließlich

$$D_1 d'_H \alpha = \mathcal{L}_T d'_H \alpha + d_b L^{-1} d_b d'_H \alpha = 0,$$

woraus $D' d'_H \alpha = \theta \wedge D_1 d'_H \alpha = 0$ folgt. $\qquad \square$

Wir erhalten schließlich einen Komplex

$$\mathcal{E}^0 \xrightarrow{d'_H} \mathcal{E}^1 \xrightarrow{d'_H} \ldots \xrightarrow{d'_H} \mathcal{E}^n \xrightarrow{D'} \mathcal{J}^{n+1} \xrightarrow{d'_H} \ldots \xrightarrow{d'_H} \mathcal{J}^{2n+1},$$

welcher den Namen *Rumin-Komplex* oder *Kontakt-Komplex* trägt.

Dieser Komplex wurde von Rumin in seiner Arbeit *Formes différentielles sur les variétés de contact*, [Ru94] eingeführt. Er besitzt inzwischen eine Vielzahl an Anwendungen, von Konstruktionen von Invarianten, wie wir auch später sehen werden, bis hin zu Anwendungen in der KK-Theorie ([JK95]).

Nach der Definition von $\mathcal{E}^\bullet$ hängt er jedoch leider von der Kontaktform θ ab. Es gibt aber einen dazu isomorphen Komplex, der nur von der Kontaktstruktur $H = \ker \theta$ abhängt, den wir jetzt erläutern werden.

3. Der Rumin-Komplex, Teil 2.

Sei $\mathcal{I}^\bullet$ das Ideal in $\mathfrak{A}^\bullet(M)$, welches von den Formen θ und $d\theta$ erzeugt wird und $\mathcal{J}^\bullet$ das Ideal wie oben im ersten Teil. Die Bündel $\mathfrak{A}^\bullet(M)/\mathcal{I}^\bullet$ und $\mathcal{J}^\bullet$ hängen nach Lemma 2.1.4 nur von H ab.

Lemma 2.2.4. *Es ist* $\mathcal{I}^k = \mathfrak{A}^k(M)$ *für* $k \geq n + 1$.

Beweis. Wie im Beweis von Lemma 2.2.2 ist die Abbildung $L = d\theta\wedge$
für $k \geq n - 1$ surjektiv. □

Der de-Rham-Operator induziert dann Differentialoperatoren

$$d_H : \mathfrak{A}^\bullet(M)/\mathcal{I}^k \to \mathfrak{A}^\bullet(M)/\mathcal{I}^{k+1}, \quad d_H[\alpha] = [d\alpha], \quad k = 0, \dots, n - 1,$$

$$d_H : \qquad \mathcal{J}^k \to \mathcal{J}^{k+1}, \qquad d_H\alpha = d\alpha, \qquad k = n, \dots, 2n,$$

welche wohl definiert sind, denn für $[\alpha] \in \mathfrak{A}^\bullet(M)/\mathcal{I}^k$ ist $d_H[\alpha] = d_H[\alpha + \theta \wedge \beta + d\theta \wedge \gamma] = [d\alpha + d\theta \wedge \beta + \theta \wedge d\beta + d\theta \wedge d\gamma] = [d\alpha]$ und
für $\alpha \in \mathcal{J}^k$ ist $d_H\alpha = d'_H\alpha$ wie aus dem vorherigem Teil. Wir erhalten
somit wie im ersten Teil zwei Teilkomplexe und ebenso versuchen wir
jetzt einen Operator zu finden, der beide miteinander verbindet.

Lemma 2.2.5. *Sei* $\alpha \in \mathfrak{A}^n(M)$. *Dann existiert genau ein* $\beta \in \mathfrak{A}^n(M)$,
welches gleich α *modulo* θ *ist mit der Eigenschaft* $\theta \wedge d\beta = 0$. *Außerdem
ist* $d\beta$ *in* $\mathcal{J}^n$ *und falls* α *in* $\mathcal{I}^{n-1}$ *liegt, dann ist* $d\beta = 0$.

Beweis. Wir setzen $\beta = \alpha + \theta \wedge \gamma$ für eine Form $\gamma \in \mathfrak{A}^{n-1}(M)$ und
schauen, wie wir das γ wählen müssen, damit die Eigenschaften in dem
Lemma erfüllt sind. Wir erhalten erstmal $\theta \wedge d\beta = \theta \wedge (d\alpha + d\theta \wedge \gamma)$
und die Bedingung $\theta \wedge d\beta = 0$ lautet dann $d\alpha + d\theta \wedge \gamma = 0$ mod
θ. Weil die Abbildung $d\theta\wedge : \mathfrak{A}^{n-1}(H) \to \mathfrak{A}^{n+1}(H)$ nach dem harten Lefschetz-Satz ein Isomorphismus ist, gibt es genau eine Form
$\gamma \in \mathfrak{A}^n(H)$ mit $d\theta \wedge \gamma = -d\alpha$ mod θ, woraus die Existenz und Eindeutigkeit von β folgt. Es ist außerdem $d\theta \wedge d\beta = d(\theta \wedge d\beta) = 0$,
das heißt $d\beta$ liegt in $\mathcal{J}^n$. Sei nun $\alpha \in \mathcal{I}^{n-1}$. Ist $\alpha = \theta \wedge \delta$ für eine
Form δ, dann kann man $\beta = 0$ wählen und ist $\alpha = d\theta \wedge \delta$, dann
kann man $\beta = d(\theta \wedge \delta)$ nehmen. Daraus folgt $d\beta = 0$ für $\alpha \in \mathcal{I}^{n-1}$. □

Wir erhalten einen Operator $D : \mathfrak{A}^n(M)/\mathcal{I}^n \to \mathcal{J}^{n+1}$ mit $D[\alpha] = d\beta$,
wobei das β wie in Lemma 2.2.5 gewählt ist. Nach den Definitionen

von D und d_H ist $d_H D = 0$. Wir haben auch $D d_H = 0$, denn es ist $\theta \wedge d(d\alpha) = 0$, das heißt nach der Eindeutigkeit in Lemma 2.2.5 ist $D d_H[\alpha] = D[d\alpha] = d(d\alpha) = 0$.

Auf dieser Weise bekommen wir einen Komplex

$$\mathfrak{A}^0(M)/\mathcal{I}^0 \xrightarrow{d_H} \ldots \xrightarrow{d_H} \mathfrak{A}^n(M)/\mathcal{I}^n \xrightarrow{D} \mathcal{J}^{n+1} \xrightarrow{d_H} \ldots \xrightarrow{d_H} \mathcal{J}^{2n+1},$$

welcher ebenfalls *Rumin-* oder *Kontakt-Komplex* heißt. Dass er den gleichen Namen wie der Komplex im ersten Teil hat, wird dadurch legitimiert, dass die beiden Komplexe isomorph sind:

Satz 2.2.6. *Betrachte die natürliche Projektion* $\varphi_k : \mathcal{E}^k \to \mathfrak{A}^k(M)/\mathcal{I}^k$, $\alpha \to [\alpha]$. *Dann ist* $\varphi_\bullet$ *ein Vektorraumisomorphismen und er erfüllt*

$$\varphi_{k+1} d'_H = d_H \varphi_k \qquad \text{für } k \leq n-1,$$
$$D' = D\varphi_n.$$

Beweis. Das orthogonale Komplement von $\mathcal{I}^k$ ist gegeben durch

$(\theta\wedge, d\theta\wedge)^\perp \cap \mathfrak{A}^k(M) =$

$\{\alpha \in \mathfrak{A}^k(M) | \langle \alpha, \theta \wedge \beta \rangle + \langle \alpha, d\theta \wedge \gamma \rangle = 0, \beta \in \mathfrak{A}^{k-1}(M), \gamma \in \mathfrak{A}^{k-2}(M)\}$

$= \{\alpha \in \mathfrak{A}^k(M) | \iota_T \alpha = (d\theta\wedge)^* \alpha = 0\} = \mathcal{E}^k.$

Mit Hilfe der Metrik erhalten wir dann Isomorphismus $\mathcal{E}^k = (\theta\wedge, d\theta\wedge)^\perp \cap \mathfrak{A}^k(M) \cong \mathfrak{A}^k(M)/\mathcal{I}^k$, welcher gerade φ_k ist.

Nun zeigen wir, dass $\varphi_\bullet$ eine Kettenabbildung ist. Wie im Beweis von Lemma 2.2.3 ist $\pi_{\mathcal{E}\bullet}(d_b\alpha) = d_b\alpha - d\theta \wedge \gamma$ für eine Form γ. Für $k \leq n-1$ und $\alpha \in \mathfrak{A}^k(M)$ ist dann

$$\begin{aligned}
\varphi_{k+1}(d'_H \alpha) &= [d'_H \alpha] = [\pi_{\mathcal{E}^{k+1}}(d_b\alpha)] = [d_b\alpha - d\theta \wedge \gamma] \\
&= [d\alpha - \theta \wedge \mathcal{L}_T \alpha - d\theta \wedge \gamma] \\
&= [d\alpha] = d_H[\alpha] = d_H(\varphi_k \alpha).
\end{aligned}$$

Um $D' = D\varphi_n$ zu zeigen, werden wir das β aus Lemma 2.2.5 für ein $\alpha \in \mathcal{E}^n$ explizit angeben:

$$\beta = \alpha - \theta \wedge L^{-1} d_b \alpha.$$

Wir müssen $\beta = \alpha \bmod \theta$ und $\theta \wedge d\beta = 0$ zeigen. Ersteres gilt offenbar und Letzteres rechnen wir fix aus. Es ist

$$d\beta = d(\alpha - \theta \wedge L^{-1}d_b\alpha) = d\alpha - d_b\alpha + \theta \wedge d(L^{-1}d_b\alpha)$$
$$= \theta \wedge \mathcal{L}_T\alpha + \theta \wedge d_b L^{-1}d_b\alpha. \qquad (2.2.4)$$

Wegen $\theta \wedge \theta = 0$ folgt $\theta \wedge d\beta = 0$. Schließlich erhalten wir

$$D(\varphi_n\alpha) = D[\alpha] = d\beta \overset{2.2.4}{=} \big(\theta \wedge \circ(\mathcal{L}_T + d_b L^{-1}d_b)\big)\alpha = D'\alpha,$$

womit das Lemma dann bewiesen ist. $\square$

Dass $\mathcal{E}^\bullet$ beziehungsweise der Rumin-Komplex nicht von J und der Kontaktform abhängt, kann man auch direkter sehen. Es ist $\ker \Lambda = \ker L^{n-k+1}$ und die rechte Seite hängt nicht von J ab. Für eine andere Kontaktform $\theta \to f\theta$ ändert sich L auf $\mathfrak{A}^\bullet(H) = \mathfrak{A}^\bullet(M)/(\theta\wedge)$ in $L \to fL$, das heißt die rechte Seite ist auch von der Kontaktform unabhängig.

Wir identifizieren diese beiden Komplexe miteinander und schreiben deshalb meistens einheitlich d_H und D statt d'_H und D' und bezeichnen den Rumin-Komplex mit $(\mathcal{E}^\bullet, d_H)$. Welchen Komplex wir bei einzelnen Rechnungen wirklich betrachten, wird aus dem Zusammenhang ersichtlich sein.

Sei $\Delta_K : \Gamma(M, \mathcal{E}^\bullet) \to \Gamma(M, \mathcal{E}^\bullet)$ der Operator auf dem Rumin-Komplex gegeben durch

$$\Delta_K = \begin{cases} (d_H d_H^* + d_H^* d_H)^2 & \text{auf } \mathcal{E}^k \text{ für } k \neq n, n+1 \\ (d_H d_H^*)^2 + D^*D & \text{auf } \mathcal{E}^n \\ D^*D + (d_H^* d_H)^2 & \text{auf } \mathcal{E}^{n+1} . \end{cases}$$

Dieser Operator wird als *Kontakt-Laplace-Operator* bezeichnet. Rumin konnte in ([Ru94], Seite 286) noch folgendes wichtiges Resultat über den Rumin-Komplex zeigen, welches an dieser Stelle nur zitiert wird.

Satz 2.2.7. *Die Kohomologie des Rumin-Komplexes stimmt mit der de Rham-Kohomologie überein und es gelten $\mathcal{E}^k = \ker(\Delta_{K,k}) \oplus \operatorname{im}(\Delta_{K,k})$ und $H^k(M) \cong \ker(\Delta_{K,k})$, wobei $\Delta_{K,k}$ die Einschränkung des Kontakt-Laplace-Operators auf k-Formen bezeichnet.*

Kommen wir jetzt zum Hodge-Stern-Operator, den wir benötigen, damit die Hodge-Identitäten auch auf Kontakt-Mannigfaltigkeiten gelten. Weil die Dimension ungerade ist, ist $\star^2 = \operatorname{id}$

Lemma 2.2.8 (Hodge-Dualität). *Der Hodge-Stern-Operator induziert einen Isomorphismus*

$$\mathfrak{A}^\bullet(M)/\mathcal{I}^k \cong \mathcal{J}^{2n-1-k}.$$

Beweis. Wir müssen nur zeigen, dass der Hodge-Stern-Operator im richtigen Raum landet. Sei $\alpha \in \mathcal{J}^{2n-1-k}$, das heißt es ist $\theta \wedge \alpha = d\theta \wedge \alpha = 0$. Wir müssen $\star\alpha \in \mathfrak{A}^\bullet(M)/\mathcal{I}^k = \mathcal{I}^{k\perp}$ zeigen. Sei also $\beta \in \mathfrak{A}^{k-1}(M)$ beliebig. Dann ist

$$g(\theta \wedge \beta, \star\alpha)\mathrm{dvol}_g = \theta \wedge \beta \wedge \star^2\alpha = \theta \wedge \beta \wedge \alpha = 0.$$

Ebenso ist für $\gamma \in \mathfrak{A}^{k-2}(M)$ beliebig

$$g(d\theta \wedge \gamma, \star\alpha)\mathrm{dvol}_g = d\theta \wedge \gamma \wedge \star^2\alpha = d\theta \wedge \gamma \wedge \alpha = 0.$$

Daraus folgt $\alpha \in \mathcal{I}^{k\perp}$. $\qquad\square$

Lemma 2.2.9. *Für die Adjungierte von d_H und D hat man die Gleichungen*

$$d_H^* = (-1)^k \star d_H\star \quad auf\ \mathcal{E}^k,\ k \neq n+1,$$
$$D^* = (-1)^{n+1} \star D\star \quad auf\ \mathcal{E}^{n+1}.$$

Beweis. Sei $k \neq n$. Seien $\alpha \in \mathcal{E}^k$ und $\beta \in \mathcal{E}^{k+1}$. Wir zeigen als erstes, dass folgende Gleichung gilt:

$$d(\alpha \wedge \star\beta) = d_H\alpha \wedge \star\beta + (-1)^k\alpha \wedge d_H \star \beta.$$

Das Bild von $d - d_H$ auf Formen vom Grad kleiner als n liegt in $\mathcal{I}^\bullet$
und das Dachprodukt von einer Form aus $\mathcal{I}^\bullet$ mit einer Form aus $\mathcal{J}^\bullet$
ist gleich Null. Für Formen vom Grad größer als n ist nach Definition
$d_H = d$. Aus diesen beiden Tatsachen folgt sofort die obige Gleichung.
Damit ist mit dem Satz von Stokes

$$g(d_H\alpha, \beta) - (-1)^{k+1}g(\alpha, \star d_H \star \beta) = \int_M d_H\alpha \wedge \star\beta + (-1)^k \alpha \wedge d_H \star \beta$$

$$= \int_M d(\alpha \wedge \star\beta) = 0.$$

Sei jetzt $k = n$. Es seinen $\bar\alpha = \alpha + \theta \wedge \mu$ und $\overline{\star\beta} = \star\beta + \theta \wedge \nu$ für
Formen μ und ν, so dass $D\alpha = d\bar\alpha$ und $D(\star\beta) = d(\overline{\star\beta})$ wie in Lemma
2.2.5 gelten. Dann ist

$$g(D\alpha, \beta) - (-1)^{n+1}g(\alpha, \star D \star \beta) = \int_M d\bar\alpha \wedge (\star\beta) + (-1)^n \alpha \wedge d(\overline{\star\beta})$$

$$= \int_M d\bar\alpha \wedge \overline{\star\beta} + (-1)^n \bar\alpha \wedge d(\overline{\star\beta}) - D\alpha \wedge \theta \wedge \nu - (-1)^n \theta \wedge \mu \wedge D(\star\beta)$$

$$= \int_M d(\bar\alpha \wedge \overline{\star\beta}) = 0.$$

$\square$

Mit den selben Rechnungen wie bei dem Hodge-Laplace-Operator
kommutiert der Kontakt-Laplace-Operator mit $\star$.
Durch die obigen Resultaten lässt sich der Beweis der Hodge-Identitäten
auf Kählermannigfaltigkeiten auf unseren Fall übertragen, so dass man
folgenden Satz bekommt.

Satz 2.2.10. *Es bezeichne $d_b^J := J^{-1}d_b J$, $\mathcal{L}_T^J := J^{-1}\mathcal{L}_T J$. Man hat
folgende Fast-Kontakt-Kähler-Identitäten.*

$$[\Lambda, d_b] = -d_b^{J*} \; , \quad [\Lambda, d_b^J] = d_b^* \; , \quad [L, d_b^*] = d_b^J \; , \quad [L, d_b^{J*}] = -d_b. \quad \text{\tiny ■}$$

Außerdem ist auf $L^k \mathfrak{A}_0^r(H)$

$$\Lambda L = (r+1)|n - k - r|\text{id}.$$

Beispiel 2.2.11. *Die fast komplexe Struktur J auf der Sphäre ist durch Multiplikation mit i gegeben, so dass wir $d_b^{J*} = J^{-1} d_b^* J = d_b^*$ haben. Außerdem ist nach Satz 2.2.10 $L^{-1} = \Lambda$ auf Formen vom Grad $n + 1$. Mit den fast-Kontakt-Kähler-Identitäten aus dem selben Satz ist dann auf $\mathcal{E}^n$ (also wo $\Lambda = 0$ ist)*

$$-d_b d_b^* = -d_b d_b^{J*} = d_b(\Lambda d_b - d_b \Lambda) = d_b \Lambda d_b = d_b L^{-1} d_b.$$

Somit lässt sich D schreiben als

$$D = (\theta \wedge) \circ (\mathcal{L}_{\dot{T}} + d_b L^{-1} d_b) = (\theta \wedge) \circ (\mathcal{L}_T - d_b d_b^*).$$

4. Komplexifizierung

Die fast-komplexe Struktur J auf H ermöglicht uns analog zu den fast-komplexen Mannigfaltigkeiten (p, q)-Formen zu definieren: Dazu sei $H \bigotimes \mathbb{C} = H^{1,0} \oplus H^{0,1}$ mit $H^{1,0} = \ker(J + i)$ und $H^{0,1} = \overline{H^{0,1}} = \ker(J - i)$. Betrachtet man $\mathfrak{A}^{1,0}(H) := H^{1,0*}$ und $\mathfrak{A}^{0,1}(H) := H^{0,1*}$ als Untervektorbündel von $\mathfrak{A}_{\mathbb{C}}^\bullet(H) := \mathfrak{A}^\bullet(H) \bigotimes \mathbb{C}$, dann erhält man eine Bigraduierung

$$\mathfrak{A}_{\mathbb{C}}^k(H) = \bigoplus_{p+q=k} \mathfrak{A}^{p,q}(H), \text{ mit } \mathfrak{A}^{p,q}(H) := \mathfrak{A}^{1,0}(H)^{\wedge p} \wedge \mathfrak{A}^{0,1}(H)^{\wedge q}.$$

Auf $\mathfrak{A}^{p,q}(H)$ definieren wir die Operatoren $\partial_b = \pi_{p+1,q} \circ d_b$ und $\bar{\partial}_b = \pi_{p,q+1} \circ d_b$, wobei $\pi_{p,q}$ die Projektion auf $\mathfrak{A}^{p,q}(H)$ bezeichne. Man beachte, dass der Tensor $d_b - \bar{\partial}_b - \partial_b$ nicht verschwinden muss. Dies ist jedoch, wie bei den fast-komplexen Mannigfaltigkeiten, der Fall, falls J integrierbar ist, das heißt, falls $[H^{1,0}, H^{1,0}] \subseteq H^{1,0}$ gilt.

2.3 Der Tanaka-Tanno-Webster-Zusammenhang

Für eine reelle Hyperfläche, welche mit einer Metrik ausgestattet ist, führte Tanaka in [Ta76] einen kanonischen Zusammenhang ein. Webster konstruierte in [We78] bestimmte 1-Formen auf der reellen Hyperfläche, welche aufgrund ihrer Strukturgleichungen die Rolle der Torsionsform[1] dieses Zusammenhangs spielen sollen. Diese geometrischen Größen sind wichtige Bestandteile der CR-Geometrie, welche unter anderem beim Studium von CR-Invarianten (das sind topologische Invarianten, die nur von der CR-Struktur abhängen) Anwendung finden. Weil Kontakt-Mannigfaltigkeiten als Verallgemeinerung von reellen Hyperflächen angesehen werden kann, ist es eine natürliche Frage, ob man die Objekte und Ergebnisse von Tanaka und Webster auf Kontakt-Mannigfaltigkeiten erweitern kann. Dies gelang Tanno in seiner Arbeit [Tan89], wo er den Tanaka-Zusammenhang und die Webster-Torsion verallgemeinern konnte.

Definition 2.3.1. *Für eine Kontaktmannigfaltigkeit* (M, H) *seien* θ *und* J *fest gewählt und* ∇^{LC} *der Levi-Civita-Zusammenahng. J wird durch* $JT = 0$ *auf* $\Gamma(M, \mathrm{End}(TM))$ *fortgesetzt. Der Tanaka-Tanno-Webster-Zusammenhang* $^*\nabla$ *ist für Vektorfelder* X, Y *gegeben durch*

$$^*\nabla_Y X = \nabla^{LC}_X Y - 2\theta(X)JY - \theta(Y)\nabla^{LC}_X T + (\nabla^{LC}_X \theta)(Y)T$$

Man sieht, dass dies ein Zusammenhang definiert. Falls Tor die Torsion von $^*\nabla$ bezeichnet, so konnte Tanno in Proposition 3.1. seiner Arbeit zeigen, dass dieser Zusammenhang durch die folgenden Eigenschaften eindeutig bestimmt ist:

$$^*\nabla\theta = 0, \quad ^*\nabla T = 0, \quad ^*\nabla g = 0,$$

$$(^*\nabla_X J)Y = (\nabla^{LC}_X J)Y + \frac{1}{2}g(X - \frac{1}{2}(\mathcal{L}_T J)X, Y)T$$
$$- \theta(Y)(2X - (\mathcal{L}_T J)X),$$

---

[1]Für die Definition und Eigenschaften der Torsionsform vergleiche man ([KN63])

$$\mathrm{Tor}(T, JY) = -J\mathrm{Tor}(T, Y),$$
$$\mathrm{Tor}(\tilde{X}, \tilde{Y}) = 2d\theta(\tilde{X}, \tilde{Y}), \text{ für } \tilde{X}, \tilde{Y} \in \Gamma(M, H).$$

Dieser Zusammenhang stimmt mit dem von Tanaka für reelle Hyperflächen eingeführten Zusammenhang überein. Tanno erweiterte ebenfalls die Webster-Torsion auf Kontakt-Mannigfaltigkeiten:
Für eine lokale J-Basis $\{e_1, e_{n+1}, \ldots, e_n, e_{2n}, T\}$ von $T_{\mathbf{C}}M$ mit dualer Basis $\{e^1, e^{n+1}, \ldots, e^n, e^{2n}, \theta\}$ seien

$$E_j = \frac{1}{\sqrt{2}}(e_j + ie_{j+n}) \text{ und } \theta^j = \frac{1}{\sqrt{2}}(e^j + ie^{j+n}).$$

Die (lokal definierten) 1-Formen

$$\tau^j = \sum_{k=1}^{n} d\theta^j(T, E_{k+n})\theta^{k+n}, \quad j = 1, \ldots, n,$$

heißen *Tanaka-Tanno-Webster-Torsion*. Tanno konnte folgende Beziehung dieser Formen mit der Torsion des Tanaka-Tanno-Webster-Zusammenhangs zeigen:

$$\tau^j(X) = \theta^J(\mathrm{Tor}(T, X)), \text{ für } X \in \Gamma(M, T_{\mathbf{C}}M).$$

Man bezeichnet entsprechend die Krümmung des Tanaka-Tanno-Webster-Zusammenhangs als *Tanaka-Tanno-Webster-Krümmung* (und ebenso Tanaka-Tanno-Webster-Schnitt- und Skalarkrümmung). Wir werden am Ende von Kapitel 3 Gebrauch von diesen Größen machen, um etwas über die Koeffizienten der asymptotischen Entwicklung des Wärmeleitungskerns des Kontakt-Laplace-Operator auszusagen.

Literatur

Als Literatur für die Grundlagen über Kontakt-Mannigfaltigkeit wurde *[G08]* verwendet. Für die Begriffe der CR- und Heisenberg-Mannigfaltigkeiten wurde *[Po08]* benutzt. Abschnitt 2.2 basiert hauptsächlich auf *[Ru94]*, wobei noch mehrere weitere Literaturen verwendet wurden: Die Zerlegung des de Rham-Operators und die Eigenschaften des Tanaka-Operators wurden aus *[Ru00]* übernommen. In *[Po08]* findet man die zwei Beschreibungen des Rumin-Komplexes, welche, bis auf kleine Änderungen, damit sie mit den Definitionen in *[RuS12]* konsistent bleiben, übernommen wurde. Diese Resultate über den Rumin-Komplex findet man auch in *[JK95]*, welches auch verwendet wurde. Für Abschnitt 2.3. wurde neben den erwähnten Literaturen *[Ta76]*, *[Tan89]* und *[We78]* noch zusätzlich *[Bl02]* verwendet, wobei bei diesen Literaturen Metriken der Form $g = -\frac{1}{2}d\theta(\cdot, J\cdot) + \theta \otimes \theta$ betrachtet werden.

3 Operatoren auf Heisenberg-Mannigfaltigkeiten

Eine wichtige Klasse von Differentialoperatoren auf Heisenbergfaltigkeiten sind die sogenannten Unter-Laplace-Operatoren, welche im Gegensatz zu den Laplace-Operatoren nicht elliptisch sind. Für die asymptotische Entwicklung des Wärmeleitungskern eines solchen Operators benötigt man ein geeignetes Symbolenkalkül, was unter anderem von Beals und Greiner 1988 in [BG88] unter dem Namen Heisenbergkalkül eingeführt wurde. Dieses Kapitel soll die wichtigsten Aussagen aus diesem Kalkül wiedergeben, welche wir später auf den Kontakt-Laplace-Operator anwenden werden. Aufgrund des Umfangs werden die Details und Beweise ausgelassen und nur soviel wiedergegeben, so dass man eine Grundvorstellung von der Materie bekommt. Aus dem selben Grund werden einige Begriffe und Resultate aus der Harmonischen Analysis und Funktionalanalysis als bekannt vorausgesetzt, wie etwa die Theorie über Pseudodifferentialopereatoren, Sobolevräume auf Mannigfaltigkeiten oder Regularitätseigenschaften hypoelliptischer Operatoren. Man findet Diese auch in den angegebenen Literaturen.

3.1 Motivation und Unter-Laplace-Operatoren

Für eine Heisenberg-Mannigfaltigkeit (M, H) und ein Vektorbündel E über M betrachten wir einen Differentialoperator $\Delta : \Gamma(M, E) \to \Gamma(M, E)$, welcher lokal um jeden Punkt $p \in M$ die Form

$$\Delta = -\sum_{j=1}^{2n} X_j^2 + \sum_{j=1}^{2n} a_j(x)X_j + c(x)$$

hat, wobei $X_1, \ldots, X_{2n}$ eine lokale Basis von H um p bilden und $a_j(x), c(x)$ Schnitte in $\mathrm{End}(E)$ sind. Dabei ist für einen Schnitt $s \overset{lokal}{=} \sum_l s_l e_l \in \Gamma(M, E)$ mit lokaler Basis $\{e_l\}$ um p von E

$$X_j^2 s = \sum_l X_j.(X_j.s_l)e_l.$$

Ein Operator dieser Form wird *Unter-Laplace-Operator* genannt. Beim Studium von verschiedenen Heisenberg-Mannigfaltigkeiten spielen Operatoren dieser Form eine wichtige Rolle, vergleichbar mit dem Hodge-Laplace-Operator auf riemannschen Mannigfaltigkeiten. Für Kontakt-Mannigfaltigkeiten betrachten wir den Kontakt-Laplace-Operator $\Delta_K :$ $\Gamma(M, \mathcal{E}^\bullet) \to \Gamma(M, \mathcal{E}^\bullet)$ auf dem Rumin-Komplex $(\mathcal{E}^\bullet, d_H)$ aus dem zweiten Kapitel:

$$\Delta_K = \begin{cases} (d_H d_H^* + d_H^* d_H)^2 & \text{auf } \mathcal{E}^k \text{ für } k \neq n, n+1 \\ (d_H d_H^*)^2 + D^* D & \text{auf } \mathcal{E}^n \\ D^* D + (d_H^* d_H)^2 & \text{auf } \mathcal{E}^{n+1} . \end{cases}$$

Was dieser mit einem Unter-Laplace-Operator gemeinsam ist, dass sie nicht elliptisch sind und man dementsprechend das Symbolenkalkül für elliptische Operatoren auf sie nicht anwenden kann. Was dabei verloren geht wird kurz erläutert. Wir benutzen die Schreibweise aus [Gi84]. Dazu sei für einen Multiindex $\alpha = (\alpha_1, \ldots, \alpha_n)$ und $x = (x_1, \ldots, x_n) \in \mathbf{R}^n$ wie üblich

$$d_x^\alpha = \left(\frac{\partial}{\partial x_1}\right)^{\alpha_1} \cdots \left(\frac{\partial}{\partial x_n}\right)^{\alpha_n} \text{ und } D_x^{\alpha = (-i)^{|\alpha|}} d_x^\alpha.$$

Für $x \in \mathbf{R}^n$ und $t \in \mathbf{R}$ bezeichnen $\xi \in \mathbf{R}^{n*}$ und $\tau \in \mathbf{R}^*$ die dualen Variablen. Ist nun ein Operator $P = \frac{\partial}{\partial t} + \Delta$ gegeben, welcher auf $C^\infty(M, \mathbf{R})$ operiert, wobei Δ der Hodge-Laplace-Operator ist, so existiert eine Parametrix Q zu P, damit ist ein Pseudodifferentialoperator gemeint mit $PQ = QP = \mathrm{id}$ modulo Operatoren mit glattem Kern (das heißt modulo glatte Operatoren). Bei der Konstruktion von Q

benutzt man, falls p, q und $p \circ q$ die Symbole von P und Q und PQ bezeichnen, die lokale asymptotische Entwicklung der Symbole,

$$p \circ q \sim \sum_{\alpha} \frac{1}{\alpha!} d_{\xi}^{\alpha} p(x, \xi, \tau) \cdot D_x^{\alpha} q(x, \xi, \tau).$$

Für die Unter-Laplace-Operatoren und den Kontakt-Laplace-Operator gilt diese Entwicklung im Allgemeinen nicht mehr und das Symbol ist auch nicht invertierbar. Das heißt aber nicht, dass wir jetzt große Schwierigkeiten bekommen. Glücklicherweise wurde ein Symbolenkalkül für diese Klasse von Operatoren entwickelt, welches den Namen *Heisenbergkalkül* trägt. Wir werden dies brauchen, um eine asymptotische Entwicklung des Wärmeleitungskern des Kontakt-Laplace-Operators zu erhalten. In den nächsten beiden Abschnitten werden die für uns wichtigsten Aspekte des Kalküls wiedergegeben.

Beispiel 3.1.1. *Für den Torus T^3 mit der Kontaktform $\theta = \cos z \, dx + \sin z \, dy$ aus Beispiel 2.1.3 war $T = \cos z \frac{\partial}{\partial x} + \sin z \frac{\partial}{\partial y}$ das zugehörige Reeb-Vektorfeld und die zugehörige Metrik war flach. Für eine Funktion $f \in C^{\infty}(T^3)$ ist*

$$d_b f = df - \theta \wedge \mathcal{L}_T f = df - (\cos z \frac{\partial f}{\partial x} + \sin z \frac{\partial f}{\partial y})\theta$$

$$= df - ((\cos^2 z \frac{\partial f}{\partial x} + \cos z \sin z \frac{\partial f}{\partial y})dx$$

$$+ (\sin z \cos z \frac{\partial f}{\partial x} + \sin^2 z \frac{\partial f}{\partial y})dy).$$

Auf den horizontalen 1-Formen $\mathfrak{A}^1(H)$ haben wir

$$d_b^* = d^* - \mathcal{L}_T^* \circ \iota_T = d^* = \star d \star.$$

Damit erhalten wir

$$d_b^* d_b f = d^* df - (\star d(\cos^2 z \frac{\partial f}{\partial x} + \cos z \sin z \frac{\partial f}{\partial y})dy \wedge dz$$

$$+ (\sin z \cos z \frac{\partial f}{\partial x} + \sin^2 z \frac{\partial f}{\partial y})dx \wedge dz)$$

$$= d^* df - ((\cos^2 z \frac{\partial^2 f}{\partial x^2} + \cos z \sin z \frac{\partial^2 f}{\partial x \partial y})$$

$$- (\sin z \cos z \frac{\partial^2 f}{\partial y \partial x} + \sin^2 z \frac{\partial^2 f}{\partial y^2}))$$

$$= d^* df - (\cos^2 z \frac{\partial^2 f}{\partial x^2} - \sin^2 z \frac{\partial^2 f}{\partial y^2}).$$

Insbesondere ist e^{inz} eine Eigenfunktion von Δ_K und $\{n^4 | n \in \mathbf{N}_0\} \subset \sigma(\Delta_K)$.

3.2 Symbolklassen und Distributionen

1. Vorbereitungen: Gruppenoperation und Heisenbergkoordinaten

Sei $U \subset \mathbf{R}^{2n+1}$ eine offene Teilmenge und $\{X_j\}_{j=0,\dots,2n} \subset \Gamma(U, TU)$ Vektorfelder, welche eine Basis von dem Tangentialbündel TU bilden. Bezüglich der kanonischen Basis $\{\frac{\partial}{\partial x_j}\}_{j=0,\dots,2n}$ seien X_j gegeben durch $X_{j|x} = \sum_{k=0}^{2n} B_{jk}(x) \frac{\partial}{\partial x_j}$. Für ein festes $u \in U$ und $A(u) = \left((B_{j,k})_{j,k=0}^{2n}(u)^t\right)^{-1}$ ist der Koordinatenwechsel ψ_u gegeben durch

$$\psi_u \; : \; U \to U, \; \psi_u(x) = A(u)(x - u).$$

Sie erfüllt $\psi_u(u) = 0$ und $\psi_{u*X_j}(0) = \frac{\partial}{\partial x_j}$. Diese Koordinaten, wo u der Ursprung ist, werden *u-Koordinaten* genannt. In u-Koordinaten ist

$$X_j = \frac{\partial}{\partial x_j} + \sum_{k=0}^{2n} a_{jk} \frac{\partial}{\partial x_k}$$

für glatte Funktionen a_{jk} auf U mit $a_{jk}(0) = 0$. Wir setzen jetzt $b_{jk} = \frac{\partial a_{j0}}{\partial x_k}(0)$ und

$$X_0^{(u)} = \frac{\partial}{\partial x_0}, \; X_j^{(u)} = \frac{\partial}{\partial x_j} + \sum_{k=1}^{2n} b_{jk} x_k \frac{\partial}{\partial x_0}.$$

Des weiteren betrachten wir die Abbildung $\varphi_u(x_0, \ldots, x_{2n}) = (x_0 - \frac{1}{4}\sum_{j,k=1}^{2n}(b_{jk} + b_{kj}x_jx_k, x_1, \ldots, x_{2n}))$ und setzen

$$\varepsilon_u = \varphi_u \circ \psi_u.$$

Die durch ε_u gegebenen neuen Koordinaten heißen *Heisenberg-Koordinaten an der Stelle u* und ε_u heißt *u-Heisenberg-Koordinatenabbildung*. Sie hängt weiterhin von den $\{X_j\}_{j=0,\ldots,2n}$ ab.
Als nächstes statten wir $\mathbf{R}^{2n+1}$ (und damit auch $\mathbf{R}^{2n+1*}$) mit einer bestimmten Gruppenstruktur aus. Sei $G^{(u)}$ die Gruppe, welche $\mathbf{R}^{2n+1}$ als Menge hat und deren Gruppenoperation durch

$$x.y := (x_0 + y_0 + \sum_{j,k=1}^{2n} b_{kj}x_jy_k, x_1 + y_1, \ldots, x_{2n} + y_{2n}).$$

gegeben ist. Für ein Skalar $\lambda \in \mathbf{R}$ sei

$$\lambda.x := (\lambda^2 x_0, \lambda x_1, \ldots, \lambda x_{2n}).$$

Man vergleiche: Die *Heisenberggruppe* ist die Menge $\mathbf{R} \times \mathbf{R}^{2n}$ mit der Gruppenoperation

$$x.y = (x_0 + y_0 + \sum_{1\leq j\leq n} (x_{n+j}y_j - x_jy_{n+j}), x_1 + y_1, \ldots, x_{2n} + y_{2n}).$$

Die Verknüpfung in $G^{(u)} \times \mathbf{R}$ ist entsprechend

$$(x, t_1).(y, t_2) = (x.y, t_1 + t_2).$$

In diesem Kapitel sei v stehts eine **ganze Zahl** ungleich Null. Die Punkte in $\mathbf{R}^{2n+2} = \mathbf{R}^{2n+1} \times \mathbf{R}$ werden als (x, t) geschrieben und die Punkte im Dualraum $\mathbf{R}^{2n+2*} = \mathbf{R}^{2n+1*} \times \mathbf{R}^*$ werden als (ξ, τ) geschrieben. Wie in [Gi84] oder [BG88] wird auch hier die normalisierte Fourier-Transformation auf $\mathcal{S}(\mathbf{R}^{2n+1})$ verwendet,

$$\hat{f}(\xi) = \int_{\mathbf{R}^{2n+1}} e^{-i\langle x,\xi\rangle} f(x)dx \quad \text{und inverse Fourier-Transformation}$$

$$\check{f}(x) = \frac{1}{(2\pi)^{2n+2}} \int\limits_{\mathbf{R}^{2n+1*}} e^{i\langle x,\xi \rangle} f(x) d\xi.$$

Sei $S_{v,m}(\mathbf{R}^{2n+2*}_{(v)})$ mit $m \in \mathbf{Z}$ der Raum der Funktionen $q \in C^\infty(\mathbf{R}^{2n+2*}\backslash\{0\})$ mit den Eigenschaften

a) $q(\lambda.\xi, \lambda^v\tau) = \lambda^m q(,\xi,\tau) \ \forall\lambda \neq 0$.

b) $q(\xi,\tau)$ kann zu einer Funktion auf $C^0((\mathbf{R}^{2n+1} \times \overline{\mathbf{C}_-})\backslash\{0\})$ fortgesetzt werden, so dass $q(\xi,\cdot)_{|\mathbf{C}_-}$ holomorph ist.

Es bezeichne $\mathcal{S}_0(\mathbf{R}^{2n+2})$ den Raum der Schwartz-Funktionen $f \in \mathcal{S}(\mathbf{R}^{2n+2})$ mit $(P\hat{f})(0) = 0$ für jeden Differentialoperator P. In [BG88] konnte gezeigt werden, dass es eine bilineare Abbildung

$$*^{(u)} \ : \ S_{v,m_1}(\mathbf{R}^{2n+2*}_{(v)}) \times S_{v,m_2}(\mathbf{R}^{2n+2*}_{(v)}) \to S_{v,m_1+m_2}(\mathbf{R}^{2n+2*}_{(v)})$$

gibt, mit der Eigenschaft, dass für $q_1 \in S_{v,m_1}(\mathbf{R}^{2n+2*}_{(v)})$, $q_2 \in S_{v,m_2}(\mathbf{R}^{2n+2*}_{(v)})$ und beliebiges $f \in \mathcal{S}_0(\mathbf{R}^{2n+2})$

$$\check{q}_1 * (\check{q}_2 * f) = (q_1 * q_2)\check{\ } * f$$

gilt, wobei $\check{q} \in \mathcal{S}_0(\mathbf{R}^{2n+2})'$ gegeben ist durch $\langle \check{q}, f \rangle = \langle q, \check{f} \rangle$, $(q_1 * q_2)\check{\ }$ die inverse Fourier-Transformation von $q_1 * q_2$ bezeichnet und

$$(\check{p} * f)(x) := \langle \check{p}(y), f(x.y^{-1}) \rangle$$

An dieser Stelle geht die Gruppenstruktur bezüglich u ein.

2. Symbolklassen auf dem $\mathbf{R}^{2n+1}$

Nach diesen Vorbereitungen speziell bezüglich eines Punktes u kommen wir jetzt zu einer offenen Menge $U \subset \mathbf{R}^{2n+1}$. Sei H ein Unterbündel vom Rang $2n$ des Tangentialbündels TU. Für $x \in \mathbf{R}^{2n+1}$ sei $\langle x \rangle := 2x_0 + \sum_{j=1}^{2n} x_j$.

Der Raum $S_{v,m}(U \times \mathbf{R}^{2n+2*}_{(v)})$ mit $m \in \mathbf{Z}$ besteht aus Funktionen

$q \in C^\infty(U \times (\mathbf{R}^{2n+2^*} \backslash \{0\}))$ mit den Eigenschaften

  a) $q(x, \lambda.\xi, \lambda^v\tau) = \lambda^m q(x, \xi, \tau) \ \forall \lambda \neq 0.$

  b) $q(x, \xi, \tau)$ kann zu einer Funktion auf $C^\infty(U) \otimes C^0((\mathbf{R}^{2n+2} \times \overline{\mathbf{C}_-})\backslash\{0\})$ fortgesetzt werden, so dass $q(x, \xi, \cdot)_{|\mathbf{C}_-}$ holomorph ist. $S_v^m(U \times \mathbf{R}^{2n+2^*}_{(v)})$ sei dann der Raum aus Funktionen $q(x, \xi, \tau) \in C^\infty(U \times \mathbf{R}^{2n+2}\backslash\{0\})$ mit einer asymptotischen Entwicklung

$$q \sim \sum_{j \geq 0} q_{m-j}, \quad q_k \in S_k(U \times \mathbf{R}^{2n+1^*}),$$

das heißt, dass man für ein beliebiges $N \in \mathbf{N}_0$ und für jede kompakte Teilmenge $K \subset U$ eine Abschätzung

$$|d_x^\alpha d_\xi^\beta d_\tau^k (q - \sum_{j<N} q_{m-j})(x, \xi)| \leq C_{\alpha\beta kNK}(\|\xi\| + |\tau|^{1/v})^{m-N-\langle\beta\rangle-vk}$$

für $x \in K$ und $\|\xi\| + |\tau| > 1$ hat. Für eine *H-Basis* $X_0, \ldots, X_{2n}$ von TU, das heißt $X_1, \ldots, X_{2n}$ bilden eine Basis von H, bezeichne $\sigma_j(x, \xi)$ das Symbol von $-iX_j$ und $\sigma = (\sigma_0, \ldots, \sigma_{2n})$. Für $f \in C_c^\infty(U \times \mathbf{R})$ und für $q \in S_v^m(U \times \mathbf{R}^{2n+2^*}_{(v)})$ sei

$$q(x, -iX, D_t)f(x, t) :=$$

$$\frac{1}{(2\pi)^{2n+2}} \int e^{i(\langle x, \xi\rangle + t\tau)} q(x, \sigma(x, \xi, \tau)) \hat{f}(\xi, \tau) d\xi d\tau.$$

Definition 3.2.1. $\Psi_{H,v}^m(U \times \mathbf{R}_{(v)})$ *mit* $m \in \mathbf{Z}$ *ist der Raum bestehend aus stetige Operatoren* $Q : C_c^\infty(U \times \mathbf{R}) \to C^\infty(U \times \mathbf{R})$ *der Form*

$$Q = q(x, -iX, D_t) + R,$$

wobei $q \in S_v^m(U \times \mathbf{R}^{2n+2^*}_{(v)})$ *und* $R : C_c^\infty(U \times \mathbf{R}) \to C^\infty(U \times \mathbf{R})$ *ein Operator mit glattem Kern ist. Dabei heißt* q *das* Symbol *von* Q *und* $\sigma_m(q) := [q] \in S_v^m(U \times \mathbf{R}^{2n+2^*}_{(v)})/S_v^{m-1}(U \times \mathbf{R}^{2n+2^*}_{(v)})$ *heißt das* Hauptsymbol *von* Q.

In [BG88], Theorem 14.7, konnte gezeigt werden, dass die auf der vorherigen Seite definierte bilineare Abbildung $*^{(u)}$ glatt von u abhängt.

Dabei dienten die auf Seite 44 eingeführten Vektoren $X_j^{(u)}$ als eine Art Approximation von X_j. Dadurch erhält man eine wohldefinierte Verknüpfung

$$* : S_{v,m_1}(\mathbf{R}^{2n+2}{}^*_{(v)}) \times S_{v,m_2}(\mathbf{R}^{2n+2}{}^*_{(v)}) \to S_{v,m_1+m_2}(\mathbf{R}^{2n+2}{}^*_{(v)}),$$

$$(q_1 * q_2)(x,\xi,\tau) = (q_1(x,\cdot,\cdot) *^{(x)} q_2(x,\cdot,\cdot))(\xi,\tau).$$

Dadurch konnte in [BeGS84], Theorem 3.38, bewiesen werden, dass für $Q_1 \in \Psi_{H,v}^{m_1}(U)$ und $Q_2 \in \Psi_{H,v}^{m_2}(U)$, wobei eines dieser Operatoren eigentlich getragen ist, $Q_1 Q_2 \in \Psi_{H,v}^{m_1+m_2}(U)$ ist.

Als nächstes gehen wir auf die Distributionen in diesem Kontext ein. Der Raum $\mathcal{K}_{m,v}(U \times \mathbf{R}^{2n+1}_{(v)})$, $m \in \mathbf{Z}$, besteht aus temperierten Distributionen $K(x,y,t)$, für welche $K(\cdot,y,t) \in C^\infty(U)$, $K(x,\cdot,t) \in \mathcal{S}'(\mathbf{R}^{2n+1})$, $\mathrm{supp}(K(x,y,t)) \subset U \times \mathbf{R}^{2n+1} \times \mathbf{R}_+$ und sing $\mathrm{supp}(K(x,\cdot))$ $\in \{0\}$ ist, wobei sing supp den singulären Träger einer Distribution bezeichnet. Außerdem soll $K(x,y,t)$ die Eigenschaft besitzen, dass für beliebiges $\lambda > 0$

$$K(x,\lambda.y,\lambda^v t) = (\mathrm{sign}\ \lambda)^{2n+1} \lambda^m K(x,y,t)$$

gilt.

Definition 3.2.2. *Der Raum* $\mathcal{K}_v^m(U \times \mathbf{R}^{2n+2}_{(v)})$, $m \in \mathbf{Z}$, *besteht aus Distributionen* $K \in \mathcal{D}'(U \times \mathbf{R}^{2n+2})$ *mit einer asymptotischen Entwicklung*

$$K \sim \sum_{0 \leq j} K_{m+j}, \quad K_k \in \mathcal{K}_{k,v}(U \times \mathbf{R}^{2n+1}_{(v)}),$$

das heißt, dass man für ein beliebiges $N \in \mathbf{N}_0$ *ein* $J \in \mathbf{N}_0$ *finden kann, so dass*

$$K - \sum_{j \leq J} K_{m+j} \in C^N(U \times \mathbf{R}^{2n+2})$$

ist.

In [BG88], Theorem 15.39, 15.49 und in [Po08], Proposition 5.1.14, konnte folgendes Lemma bewiesen werden, was eine Charakterisierung des Kerns darstellt.

Lemma 3.2.3. *Sei* $Q : C_c^\infty(U \times \mathbf{R}) \mapsto C^\infty(U \times \mathbf{R})$ *ein stetiger Operator mit Kern* $k_Q(x, t; y, s)$ *Dann ist folgendes äquivalent:*

(i) $Q \in \Psi_{H,v}^m(U \times \mathbf{R}_{(v)})$.

(ii) $k_Q(x, t; y, s) = |\varepsilon_x'| K_Q(x, -\varepsilon_x(y), t-s) + R(x, y, t-s)$, *für* $K_Q \in \mathcal{K}^{\hat{m}}(U \times \mathbf{R}_{(v)}^{2n+2})$, $\hat{m} = -(m + 2n + 6)$ *und* $|\varepsilon_x'| = \det T\varepsilon_x$.

Mit der asymptotische Entwicklung auf Definition 3.2.2 von $K_Q(x, -\varepsilon_x(y), t - s)$ erhält man dann folgende Proposition, welche in [BeGS84] als Theorem 4.5 bewiesen und in [Po08] Proposition 5.1.15 verallgemeinert wurde.

Proposition 3.2.4. *Sei* $Q \in \Psi_{H,v}^m(U \times \mathbf{R}_{(v)})$ *mit Symbol* $q \sim \sum_{j \geq 0} q_{m-j}$ *und Kern* $k_Q(x, y, t - s)$. *Für* $t \searrow 0$ *hat man folgende asymptotische Entwicklung in* $C^\infty(U)$:

$$k_Q(x, x, t) \sim t^{-\frac{2[\frac{m}{2}]+2n+5}{v}} \sum_{j=1}^{\infty} t^j |\varepsilon_x'| \check{q}_{2[\frac{m}{2}]-2j}(x, 0, 1).$$

3. Erweiterung auf Mannigfaltigkeiten und Hauptsymbol

Als nächstes werden die Definitionen der Pseudodifferentialoperatoren und Distributionen auf Heisenberg-Mannigfaltigkeiten erweitert. Sei dazu $\tilde{U} \subset \mathbf{R}^{2n+1}$ offen und $\tilde{H}$ ein Untervektorbündel von $T\tilde{U}$ vom Rang $2n$. Sei $\varphi : U \to \tilde{U}$ ein Diffeomorphismus mit $T\varphi(H) = \tilde{H}$ Folgende Proposition, bewiesen in [Po08], Proposition 3.1.18 und Proposition 5.1.16, ermöglicht uns das Kalkül auf Mannigfaltigkeiten zu betrachten.

Proposition 3.2.5. *Sei* $\tilde{Q} \in \Psi_{H,v}^m(\tilde{U} \times \mathbf{R}_{(v)})$ *und sei* $Q : C_c^\infty(U \times \mathbf{R}) \to C^\infty(U \times \mathbf{R})$ *der Operator* $(\varphi \oplus \mathrm{id}_\mathbf{R})^* \tilde{Q}$, *das heißt es ist* $Qf = \tilde{Q}(\varphi \oplus \mathrm{id}_\mathbf{R})^* f$. *Dann ist* $Q \in \Psi_{H,v}^m(U \times \mathbf{R}_{(v)})$.

Definition 3.2.6. *Sei* (M, H) *eine Heisenberg-Mannigfaltigkeit der Dimension* $2n + 1$. *Eine (lokale)* H-*Basis von* TM *ist eine (lokale) Basis* $X_0, X_1, \ldots, X_{2n}$ *von* TM, *so dass* $X_1, \ldots, X_{2n}$ *eine (lokale) Basis von* H *ist. Eine Heisenberg-Karte ist eine Karte auf* $U \subset M$ *zusammen mit einer lokalen* H-*Basis auf* U.

Definition 3.2.7. *Für eine Heisenberg-Mannigfaltigkeit* (M, H) *und ein reelles Vektorbündel* E *vom Rang* r *auf* M *sei* $\Psi_{H,\mathrm{v}}^{m}(M \times \mathbf{R}_{(v)}, E)$, $m \in \mathbf{Z}$, *der Raum bestehend aus stetigen Operatoren* $Q : C_{c}^{\infty}(U \times \mathbf{R}) \to C^{\infty}(U \times \mathbf{R})$ *mit den folgenden Eigenschaften.*

a) Q *hat einen Kern der Form* $K(x, y, t - s)$, *das heßt* $(Qf)(x,t) = \int K(x, y, t-s) f(y, s) dy ds$, *so dass der Träger von* $K(x, y, t)$ *außerhalb von* $\{t < 0\}$ *liegt.*
b) *Der Kern von* Q *ist außerhalb der Diagonalen von* $(M \times \mathbf{R}) \times (M \times \mathbf{R})$ *glatt.*
c) *Für jede Trivialisierung* $h : E_{|U} \to U \times \mathbf{R}^{r}$ *von* E *über einer Heisenberg-Karte* $\varphi : U \to V \subset \mathbf{R}^{2n+1}$ *ist* $(\varphi \otimes \mathrm{id})_{*} h_{*}(Q_{|U \times \mathbf{R}}) \in \Psi_{H,\mathrm{v}}^{m}(U \times \mathbf{R}_{(v)}, \mathbf{R}^{r}) := \Psi_{H,\mathrm{v}}^{m}(U \times \mathbf{R}_{(v)}) \otimes \mathrm{End}\,\mathbf{R}^{r}$

Als nächstes wird die Gruppenoperation auf dem $\mathbf{R}^{2n+1}$ auf Seite 44 etwas verallgemeinert.

Definition 3.2.8. *Sei* (M, H) *eine Heisenberg-Mannigfaltigkeit. Für Schnitte* X *und* Y *in* H *um einen Punkt* $p \in M$ *sei*

$$L : H \times H \to TM/H$$

die Abbildung mit $L(X,Y)_{|p} := L_{p}(X,Y) := [X,Y]_{|p}$ *mod* H_{p}. *Diese Abblidung heißt* Levi Form *von* (M, H).

Sei $\mathfrak{g}M$ das Bündel $(TM/H) \oplus H$ ausgestattet mit einer Lie-Klammer und einer Skalarmultiplikation der Form

$$[X_0 + X.Y_0 + Y]_{|p} = L_{p}(X, Y), \quad \lambda.(X_0 + X) = \lambda^2 X_0 + \lambda X$$

für $X_0, Y_0 \in TM/H$, $X, Y \in H$ und $\lambda \in \mathbf{R}$. GM sei das Bündel $(TM/H) \oplus H$ mit der selben Skalarmultiplikation wie $\mathfrak{g}M$ sie hat und

$$(X_0 + X).(Y_0 + X) = X_0 + Y_0 + \frac{1}{2}L(X,Y) + X + Y.$$

Man kann schnell nachprüfen, dass dies eine Gruppen-Struktur liefert, Der Raum $S_{\mathrm{v,m}}(\mathfrak{g}M^{*} \times \mathbf{R}_{(v)}, E)$ besteht aus $q(x, \xi, \tau) \in \Gamma((\mathfrak{g}M^{*} \times$

$\mathbf{R})\backslash 0, \operatorname{End} \pi^* E)$, wobei $\pi : \mathfrak{g}M \to M$ die Projektion bezeichnet, mit den Eigenschaften

a) $q(x, \lambda.\xi, \lambda^v \tau) = \lambda^m q(x, \xi, \tau) \ \forall \lambda \neq 0$.

b) $q(x, \xi, \tau)$ kann zu einem Schnitt von $\pi^* \operatorname{End} E$ über $(\mathfrak{g}M^* \times \overline{\mathbf{C}_-})\backslash 0$ fortgesetzt werden, so dass sie bezüglich den Basis-Variablen glatt und bezüglich den anderen Variablen stetig ist und $q(x, \xi, \cdot)_{|\mathbf{C}_-}$ holomorph ist.

Selbe Überlegungen wie auf den Seiten 46 und 47 bezüglich der Gruppenoperation auf den Fasern von $GM \times \mathbf{R}$ zeigen, dass es auch in diesem Raum eine bilineare Abbildung $* : S_{\mathrm{v},\mathrm{m}_1}(\mathfrak{g}M^* \times \mathbf{R}_{(v)}, E) \times S_{\mathrm{v},\mathrm{m}_2}(\mathfrak{g}M^* \times \mathbf{R}_{(v)}, E) \to S_{\mathrm{v},\mathrm{m}_1+\mathrm{m}_2}(\mathfrak{g}M^* \times \mathbf{R}_{(v)}, E)$ gibt.

In Theorem 3.2.2 und Proposition 5.1.19 aus [Po08] konnte gezeigt werden, dass für jedes $Q \in \Psi_{H,\mathrm{v}}^m(M \times \mathbf{R}_{(v)}, E)$ ein Element $\sigma_m(Q) \in S_{\mathrm{v},\mathrm{m}}(\mathfrak{g}M^* \times \mathbf{R}_{(v)}, E)$ existiert, so dass bezüglich jeder Trivialisierung durch Heisenberg-Karten um $p \in M$ das Element $\sigma(Q_m)(p, \cdot, \cdot)$ mit dem lokalen Hauptsymbol von Q bei $x = 0$ übereinstimmt. $\sigma(Q_m)$ wird *globales Hauptsymbol* von Q genannt.

3.3 Über die asymptotische Entwicklung

Wir können einen Operator $P : C_c^\infty(U) \mapsto C^\infty(U)$ als $P : C_c^\infty(U \times \mathbf{R}) \mapsto C^\infty(U \times \mathbf{R})$ betrachten, indem sie die Zeitvariable unberührt lässt. Sei nun ein Operator $P + \frac{\partial}{\partial t}$ gegeben, der in $\Psi_{H,\mathrm{v}}^m(M \times \mathbf{R}_{(v)}, E)$ liegt. Falls er eine Parametrix in $\Psi_{H,\mathrm{v}}^{-m}(M \times \mathbf{R}_{(v)}, E)$ besitzt, das heißt es existiert ein $Q \in \Psi_{H,\mathrm{v}}^{-m}(M \times \mathbf{R}_{(v)}, E)$ mit $PQ = QP = \operatorname{id}$ modulo glatte Operatoren, so ergeben sich viele nützliche Resultate, unter anderem der nächste Satz, gezeigt in [Po08], Proposition 5.1.24:

Satz 3.3.1. *Falls* $P + \frac{\partial}{\partial t}$ *ein Parametrix in* $\Psi_{H,\mathrm{v}}^{-m}(M \times \mathbf{R}_{(v)}, E)$ *besitzt, dann gelten:*

1) $P + \frac{\partial}{\partial t}$ *besitzt ein inverses* $(P + \frac{\partial}{\partial t})^{-1}$ *in* $\Psi_{H,\mathrm{v}}^{-m}(M \times \mathbf{R}_{(v)}, \mathcal{E})$.

2) Sei $K_{(P+\frac{\partial}{\partial t})^{-1}}(x, y, t - s)$ *der Kern von* $(P + \frac{\partial}{\partial t})^{-1}$ *und* $k_t(x, y)$ *der*

Wärmeleitungskern von P. Dann ist $k_t(x,y) = K_{(P+\frac{\partial}{\partial t})^{-1}}(x,y,t)$ *für*
$t \geq 0$.

Zusammen mit Proposition 3.2.4 erhält man dann folgendes Resultat
([BeGS84] Theorem.5.6, [Po08] Theorem 5.1.26):

Satz 3.3.2. *Falls* $P + \frac{\partial}{\partial t}$ *ein Parametrix in* $\Psi_{H,v}^{-m}(M \times \mathbf{R}_{(v)}, \mathcal{E})$ *besitzt,*
dann hat man für $t \searrow 0$ *folgende asymptotische Entwicklung für seinen*
Wärmeleitungskern :

$$k_t(x,x) \sim t^{-\frac{d+2}{v}} \sum_{j=0}^{\infty} t^{\frac{2j}{v}} a_j(P)(x),$$

mit $a_j(P)(x) = |\varepsilon'_x|(\breve{q}_{-v-2j})(x,0,1)$, *wobei* $q_{v-2j}(x,\xi,\tau)$ *das Symbol*
vom Grad $-v - 2j$ *von einem Parametrix von* $P + \frac{\partial}{\partial t}$ *ist.*

Um diese Resultate auf $\Delta_K + \frac{\partial}{\partial t}$ anwenden zu können, muss er eine
Parametrix besitzen. Es gibt dabei aus der Darstellungstheorie ein
Hilfsmittel, welcher besagt wann dies der Fall ist.

Definition 3.3.3. *Analog zu* $\Psi_{H,v}^m(M \times \mathbf{R}_{(v)}, E)$ *definiert man*
$\Psi_{H,v}^m(M, E)$, *indem man die Zeitvariable weglässt. Sei* $P \in \Psi_{H,v}^m(M, E)$.
Für $p \in M$ *ist der* Modell-Operator P^p *von P gegeben durch*

$$P^p f(x) = \langle (\check{\sigma}_m(P)(p,y), f(x.y^{-1})) \rangle,$$

mit $f \in \mathcal{S}_0(GM_p) \otimes E_p$.

Sei $\rho : GM_p \to \text{End}(V)$ eine unitäre Darstellung auf einem Vektorraum
V und $V^0(E_p) \subset V \otimes E_p$ der Vektorraum aufgespannt durch die
Vektoren

$$\rho(f, \mathbf{v}) := \int\limits_{GM_p} (\rho(x) \otimes \text{id}_{E_p})(\mathbf{v} \otimes f(x))dx,$$

mit $\mathbf{v} \in V$ und $f \in \mathcal{S}_0(GM_p) \otimes E_p$. Sei P_ρ^p dann der Operator auf
$V \otimes E_p$ mit Definitionsbereich $V^0(E_p) \subset V \otimes E_p$ und

$$P_\rho^p(\rho_f \mathbf{v}) = \rho(P^p f, \mathbf{v}).$$

Sei $C_\rho^\infty \subset V$ der Raum aller Vektoren $\mathbf{v} \in V$, für die $GM_p \to V$,
$x \mapsto \rho(x)\mathbf{v}$ eine glatte Abbildung ist.

Definition 3.3.4. *Der Operator* P *erfüllt die* Rockland-Bedingung *an der Stelle* $p \in M$, *falls für jede irreduzible Darstellung* ρ *von* GM_p *der Abschluss* $\overline{P^{\overline{p}}_\rho}$ *von* $P^{\overline{p}}_\rho$ *auf* $C^\infty_\rho \otimes E_p$ *injektive ist.*

Der nächste Satz, der ebenfalls aus [Po08] (Lemma 5.4.9 und Theorem 5.4.10) stammt, wird jetzt entscheidend für uns sein.

Satz 3.3.5. *Falls* P *die Rockland-Bedingung an jedem Punkt erfüllt und man* P *schreiben kann als* $P = Q^*Q + R$ *mit* $Q \in \Psi^{\frac{v}{2}}_{H,\mathrm{v}}(M, E)$ *und* $R \in \Psi^{v-1}_{H,\mathrm{v}}(M, E)$, *dann ist das Hauptsymbol von* $P + \frac{\partial}{\partial t}$ *invertierbar bezüglich des Produktes* $*$ *und der Operator besitzt eine Parametrix in* $\Psi^{-v}_{H,\mathrm{v}}(M \times \mathbf{R}_{(v)}, \mathcal{E})$.

Rumin zeigte auf Seite 300 in [Ru94], dass der Kontakt-Laplace diese Bedingungen erfüllt. Damit ist Satz 3.3.2, mit v=4, auf diesen Operator anwendbar. Die Konstruktion der Parametrix im obigen Satz sieht dabei wie folgt aus. Bezeichne a das Symbol von $P + \frac{\partial}{\partial t}$ und p das Inverse von dessen Hauptsymbol. Sei dann $q = \sum_{j=0}^{N}(-1)^j p \circ r^j$, $N \gg 0$, mit $r = a \circ p - 1$. Es bezeichne H_t die Quantizierungen dieser Symbole $\{q\}_N$ und $\| \ \|_{k,l}$ die Operatornorm von $W^l(M, E)$ nach $W^l(M, E)$, wobei für $k > 0$ die negativen Sobolev-Räume $W^{-k}(M, E) = W^k(M, E)^*$ ist. Man kann dann zeigen, dass der Rest

$$R_t = \Delta_K + \frac{\partial}{\partial t} \circ H_t$$

die Abschätzungen $\|R_t\|_{p,p+M} \leq Ct^k$ für jedes $p, k \leq N - M - n$ und $\mathrm{Tr}\,|R_t| = \mathrm{Tr}((R_t R_t^*)^{1/2}) \leq \|R_t\|_{-2n-3,0}$ erfüllt und die Familie $\{H_t\}_N$ dadurch eine Parametrix definiert.

Durch Satz 3.3.5 gelten jetzt viele wichtige Eigenschaften von elliptiptische Operatoren auch für den Kontakt-Laplace, etwa, wie in Theorem 5.6 aus [BGS88] aufgelistet, dass Δ_K Eigenwerte $0 = \lambda_0 \leq \lambda_1 \leq \lambda_2 \leq \ldots$ (mit Vielfachheit gezählt) mit $\lambda_j \to \infty$ besitzt und für jedes $t > 0$ ist $e^{-t\Delta_K}$ ein glatter Operator, welcher Spurklasse hat,

$$\mathrm{Tr}(e^{-t\Delta_K}) = \sum_{j=0}^{\infty} e^{-t\lambda_j}.$$

Eine weitere wichtige Folgerung ist, dass Operatoren der Ordnung m, die die Rockland-Bedingung an jedem Punkt erfüllen, *hypoelliptisch mit Ansteig on $\frac{m}{2}$ Ableitungen* sind. Das bedeutet, dass man für jedes $p \in M$ und $k, l \in \mathbf{R}$ beliebig eine Abschätzung

$$\|s\|_{W^{s+\frac{m}{2}}(M,E)} \leq C_s(\||Pf\||_{W^l(M,E)} + \|s\|_{W^k(M,E)}), \quad s \in \Gamma(M,E),$$

bekommt.

Als Abschluss sei etwas über die Koeffizienten der asymptotischen Entwicklung des Wärmeleitungskerns zu sagen. Für $Q = \sum_{\langle\alpha\rangle \leq m} a_\alpha X^\alpha$ mit $a_\alpha \in C^\infty(U)$ und $X_{2n+1} = \frac{\partial}{\partial t}$ sei $\{d_k\}_{k=1}^\infty$ eine Auflistung aller formalen Ableitungen der Koeffizienten von X_j. Ein Symbol q von Q wie in Definition 3.2.1 heißt *uniform*, falls es für jedes $y \in U$ eine Karte von U gibt, die y auf die Null schickt und man in diesen Koordinaten eine Darstellung der Form

$$D_x^\alpha q(0, \xi, \tau) = \sum_{k=1}^\infty f_{\alpha k}(d_1(0), \ldots, d_k(0)) g_{\alpha k}(\xi, \tau)$$

bekommt, wobei $f_{\alpha k}$ Polynome und $g_{\alpha k}$ Funktionen sind, die nicht von y abhängen. In [BGS88] wurde für einen Operator $\Box_b$ auf CR-Mannigfaltigkeiten, welcher ähnliche Eigenschaften wie der Kontakt-Laplace-Operator besitzt, gezeigt, dass als Folgerung, dass er uniform ist, die Koeffizienten der asymptotischen Entwicklung von $\mathrm{Tr}(e^{-t\Box_b})$ an einem Punkt $p \in M$ durch universelle Polynome (das heißt sie sind unabhängig von der Mannigfaltigkeit) in den Ableitungen der Koeffizienten des Tanaka-Tanno-Webster-Zusammenhangs, der Torsion und der Krümmung bezüglich Normalkoordinaten um p gegeben sind. In [RuS12] wurde gezeigt, dass der Kontakt-Laplace-Operator ebenfalls uniform ist und dass die Resultate für $\Box_b$ auch für Δ_k gelten, weil man die Beweise aus [BGS88] unverändert übernehmen kann.

Literatur

Der Heisenberbkalkül wurde unter anderem in [BG88] eingeführt, wo auch die hier weggelassenen Beweise stehen. In [BeGS84] findet man die Aussagen über die asymptotische Entwicklung des Wärmeleitungs- kern und über die Koeffizienten. In [Po08] wurden viele Resultate aus [BG88] und [BeGS84] verallgemeinert. Diese drei Literaturen wurden hauptsächlich in diesem Kapitel verwendet. Eine Übersicht über die Konstruktion der Parametrix findet man auch in [Ge89] und [RuS12], welche auch verwendet wurden. Die von Rumin gezeigten Resultate sind aus den entsprechenden Literaturen [Ru94] und [RuS12] über- nommen wurden. Für das Verständis über die Rockland-Bedingung, hypoelliptische Operatoren und harmonische Analysis wurden noch zusätzlich [HN05],[Sh94] und [Sh96] verwendet.

4 Äquivariante analytische Kontakt-Torsion

4.1 Äquivariante Determinante

Um die äquivariante Torsion zu definieren, gehen wir wie im ersten Kapitel vor, in dem wir einen endlich-dimensionalen Unterkomplex als Approximation des vollen Komplexes betrachtet haben. Diesmal soll die Operation von γ berücksichtigt werden, wofür man die äquivariante Determinante benötigt. Eine gegebene Mannigfaltigkeit wird in diesem Kapitel stets als **kompakt** vorausgesetzt.

Definition 4.1.1. *Sei γ eine Isometrie auf einem euklidischen Vektorraum V. Für ein Eigenwert ξ von γ sei $V_\xi := \mathrm{Eig}_\xi(\gamma)$. Die γ-äquivariante Determinante von V ist*

$$\det{}_\gamma V := \bigoplus_{\xi \in \sigma(\gamma)} \det V_\xi.$$

Die γ-äquivariante Metrik ist gegeben durch

$$\log \| \ \|_{\det_\gamma V}^2 : \det{}_\gamma V \longrightarrow \mathbf{C}$$

$$(s_\xi)_\xi \longmapsto \sum_{\xi \in \sigma(\gamma)} \log \| s_\xi \|_{V_\xi}^2 \cdot \xi,$$

wobei $\| \ \|_{V_\xi}^2$ die Metrik auf V_ξ bezeichnet, die von der Metrik auf V induziert wird.
Für einen Komplex

$$(V, d) : 0 \xrightarrow{d} V^0 \xrightarrow{d} V^1 \xrightarrow{d} \ldots \xrightarrow{d} V^n \to 0,$$

wobei V^k euklidische Vektorräume sind, so dass γ eine Isometrie darauf ist, definiert man dann

$$\det_\gamma V := \bigotimes_{k=0}^{n} (\det_\gamma V^k)^{(-1)^k}.$$

Kommutiert γ mit dem Differential d, so induziert γ eine Operation auf der Kohomologie des Komplexes (V, d). Stattet man sie mit einer Metrik aus, wofür die γ Isometrien sind, so definiert man analog die äquivariante Determinante der Kohomologie, aufgefasst als Komplex mit trivialen Differentialen.

Weil die jetzige Vorgehensweise analog zu der aus dem ersten Kapitel ist, werden wir einige Schritte nicht mehr ganz so ausführlich erläutern.

Lemma 4.1.2 (Knudsen-Mumford). *Die 1-dimensionalen Vektorräume $\det_\gamma V$ und*
$\det_\gamma(H^\bullet(V, d))$ sind kanonisch isomorph.

Beweis. Sei $V_\xi^k = \mathrm{Eig}_\xi(\gamma_{|_{V^k}})$. Dann ist nach Definition

$$\det_\gamma V_\xi = \bigotimes_{k=0}^{n} (\det_\gamma V^k)^{(-1)^k} = \bigotimes_{k=0}^{n} \bigoplus_{\xi \in \sigma(\gamma)} (\det V_\xi^k)^{(-1)^k}.$$

Nehmen wir erst mal an, dass $H^\bullet(V, d) = \{0\}$ und somit $\det_\gamma H^\bullet(V, d) = \mathbf{R}$ gilt. Wir können für einen azyklischen Komplex (V, d) wieder ein nicht-triviales Element in $\det_\gamma V$ konstruieren, das *äquivariante Torsionselement*.

Sei $n_{k,\xi} = \dim V_\xi^k$ und $s_{0,\xi} = e_{1,\xi} \wedge \cdots \wedge e_{1,\xi}$ ein nicht triviales Element von $\det V_\lambda^0$. Weil das Differential d mit γ kommutiert, wird V_ξ^k durch d auf V_ξ^{k+1} abgebildet. Wegen $H^0(V, d)_\xi = \ker d_{|_{V_\xi^0}} = \{0\}$ ist ds_0 nicht trivial. Wähle $s_{1,\xi} \in \bigwedge^{n_{1,\xi}-n_{0,\xi}} V_\xi^1$ so, dass $ds_{1,\xi} \wedge s_{1,\xi}$ eine Basis von $\det V_\xi^1$ bildet. Führt man dies weiter fort, so erhalten wir mit $s_{-1,\lambda} := 0$

$$T_\gamma(V, d) := \bigotimes_{k=0}^{n} \Big(\sum_{\xi \in \sigma(\gamma)} ds_{k-1,\xi} \wedge s_{k,\xi} \Big)^{(-1)^k} \in \det_\gamma V_\xi$$

als ein nicht triviales Element. Mit den selben Argumenten wie im nicht-äquivarianten Fall folgt dann die Behauptung. $\square$

Durch diesen Isomorphismus erhält man mit der γ-äquivarianten Metrik auf $\det V_\xi$ eine Metrik $\|\ \|_{\det_\gamma(H^\bullet(V,d))}$ auf $\det_\gamma(H^\bullet(V,d))$. Wegen der Hodge-Zerlegung kann man die Kohomologiegruppen auch mit Raum $\mathcal{H}^\bullet(V,d)$ der harmonischen Formen identifizieren, so dass man durch die Metrik auf $\det V_\xi$ eine weitere Metrik $|\ |_{\det_\gamma(H^\bullet(V,d))}$ auf $\det_\gamma(H^\bullet(V,d))$ bekommt. Hier sei vermerkt, dass die Operation von γ mit dem Isomorphismus aus der Hodge-Zerlegung kommutiert.

Definition 4.1.3. *Die äquivariante Torsion eines Komplexes (V,d) mit einer Metrik g und einer Isometrie γ ist gegeben durch*

$$\tau(V,d,g,\gamma)|\ |_{\det_\gamma(H^\bullet(V,d))} = \|\ \|_{\det_\gamma(H^\bullet(V,d))}.$$

Lemma 4.1.4. *Für das azyklische Komplex $(\mathcal{H}_\gamma^\bullet(V,d)^\perp,d)$ sei $T_\gamma(\mathcal{H}_\gamma^\bullet(V,d)^\perp,d)$ das äquivariante Torsionselement von $(\mathcal{H}_\gamma^\bullet(V,d)^\perp,d)$. Sei $P_{k,\xi} = \det(d^*d|V_\xi^k \cap (\ker d)^\perp)$. Dann ist*

$$\tau(V,d,g,\gamma) = \|T_\gamma(\mathcal{H}_\gamma^\bullet(V,d)^\perp,d)\|_{\det_\gamma(\mathcal{H}_\gamma^\bullet(V,d)^\perp)}$$

$$= \prod_{k=0}^{n} \prod_{\xi \in \sigma(\gamma)} P_{k,\xi}^{\frac{(-1)^{k+1}}{2}\xi}.$$

Beweis. Für $s_{k,\lambda} \in \det(\ker d_{|V_\xi^k})^\perp)$ ist wie im nicht-äquivarianten Fall

$$\|ds_{k,\xi} \wedge s_{k+1,\xi}\|_{\mathcal{H}_\gamma^\bullet(V,d)_\xi^\perp} = \|ds_{k,\xi}\|_{\mathcal{H}_\gamma^\bullet(V,d)_\xi^\perp} \|s_{k+1,\xi}\|_{\mathcal{H}_\gamma^\bullet(V,d)_\xi^\perp}$$

$$= P_{k,\xi}^{1/2}\|s_{k,\xi}\|_{\mathcal{H}_\gamma^\bullet(V,d)_\xi^\perp} \|s_{k+1,\xi}\|_{\mathcal{H}_\gamma^\bullet(V,d)_\xi^\perp}.$$

Somit erhalten wir

$$\tau(V,d,g,\gamma) = \|T_\gamma(\mathcal{H}_\gamma^\bullet(V,d)^\perp,d)\|_{\det_\gamma \mathcal{H}_\gamma^\bullet(V,d)^\perp}$$

$$= \prod_{k=0}^{n} \|\sum_{\xi \in \sigma(\gamma)} ds_{k,\xi} \wedge s_{k+1,\lambda}\|_{\det_\gamma \mathcal{H}_\gamma^\bullet(V,d)^\perp}^{(-1)^{k+1}}$$

$$= \prod_{k=0}^{n} \prod_{\lambda \in \sigma(\gamma)} \|ds_{k,\xi} \wedge s_{k+1,\lambda}\|_{\mathcal{H}_\gamma^\bullet(V,d)_\lambda^\perp}^{(-1)^{k+1}\xi}$$

$$= \prod_{k=0}^{n} \prod_{\xi \in \sigma(\gamma)} P_{k,\xi}^{\frac{(-1)^{k+1}}{2}\xi} \cdot \left(\|s_{k,\xi}\|_{\mathcal{H}_\gamma^\bullet(V,d)_\xi^\perp}\right)^{\frac{(-1)^{k+1}}{2}\xi}$$

$$\cdot \left(\|s_{k+1,\xi}\|_{\mathcal{H}_\gamma^\bullet(V,d)_\xi^\perp}\right)^{\frac{(-1)^{k+1}}{2}\xi}$$

$$= \prod_{k=0}^{n} \prod_{\xi \in \sigma(\gamma)} P_{k,\xi}^{\frac{(-1)^{k+1}}{2}\xi}.$$

$\square$

4.2 Die Zeta-Funktion bezüglich des Kontakt-Laplace-Operators

Wir beginnen in diesem Abschnitt mit den Vorbereitungen für die Definition der äquivariante analytische Torsion. Dazu benötigen wir wie im riemannschen Fall eine Zeta-Funktion. Wir müssen uns auch Gedanken darüber machen, wie die Operation von γ auf dem Rumin-Komplex aussehen könnte.

Sei (M, H, g) eine $2n + 1$ dimensionale, Kontakt-Mannigfaltigkeit mit einer Metrik g, wie am Ende von Abschnitt 2.1 beschrieben. Wir betrachten ab jetzt nur noch Kontakt-Mannigfaltigkeiten und schreiben jetzt häufiger (M, H, g) statt nur (M, H), und wie am Anfang des Kapitels erwähnt wurde ist M stets kompakt.

Um die äquivariante Torsion auf den Rumin-Komplex definieren zu können, brauchen wir erst einmal eine Operation von γ auf dem Komplex und dessen Kohomologie.

Lemma 4.2.1. *Sei γ eine* Kontakt-Isometrie *auf einer Kontakt-Mannigfaltigkeit (M, H, g), das heißt γ ist eine Isometrie und es gilt*

$T\gamma(H) = H$. *Die induzierte Operation von γ auf $\mathfrak{A}^\bullet(M)$ induziert eine Operation von γ auf den Rumin-Komplex $(\mathcal{E}^\bullet, d_H)$.*

Beweis. Sei θ die Kontaktform von M, die g definiert. Wir müssen $\gamma(\mathcal{E}^k) \subseteq \mathcal{E}^k$ zeigen. Weil γ eine Kontakt-Isometrie ist, bildet es $\mathfrak{A}^k(H)$ auf sich selbst ab.

1.) Sei $k \leq n$. Dann ist $\mathcal{E}^k = \{\alpha \in \mathfrak{A}^k(H) | \Lambda \alpha = 0\}$.
Zuerst bemerken wir, dass auch $\gamma\theta = \theta \circ T\gamma^{-1}$ eine Kontaktform auf M ist, weil γ als pull-back mit d kommutiert:

$$\gamma\theta \wedge (d(\gamma\theta))^{\wedge n} = \gamma(\theta \wedge (d\theta)^{\wedge n}) \neq 0,$$

da $\theta \wedge (d\theta)^{\wedge n} \neq 0$ und γ injektiv ist. Außerdem ist $\operatorname{Ker}\gamma\theta = T\gamma(H) = H$, weil γ eine Kontakt-Isometrie ist.
Sei L_γ der Operator $d(\gamma\theta)\wedge$ auf $\mathfrak{A}^k(H)$, Λ_γ die Adjungierte von L_γ bezüglich g und $\mathcal{E}^k_\gamma = \{\alpha \in \mathfrak{A}^k(H) | \Lambda_\gamma\alpha = 0\}$. Der Rumin-Komplex hängt nur von H ab, das heißt wir haben $\mathcal{E}^k = \mathcal{E}^k_\gamma$. Außerdem ist

$$\alpha \in \operatorname{Ker} L_{|_{\Gamma(M,\Lambda^k H^*)}} \Leftrightarrow \gamma\alpha \in \operatorname{Ker} L_{\gamma|_{\Gamma(M,\Lambda^k H^*)}}$$

und somit

$$\alpha \in \mathcal{E}^k = \operatorname{Ker}\Lambda_{|_{\Gamma(M,\Lambda^k H^*)}} = \operatorname{Ker} L^{n-k+1}_{|_{\Gamma(M,\Lambda^k H^*)}}$$
$$\Leftrightarrow \gamma\alpha \in \operatorname{Ker} L^{n-k+1}_{\gamma|_{\Gamma(M,\Lambda^k H^*)}} = \operatorname{Ker}\Lambda_{\gamma|_{\Gamma(M,\Lambda^k H^*)}} = \mathcal{E}^k_\gamma = \mathcal{E}^k.$$

Auf dem zu $\mathcal{E}^k$ isomorphen Bündel $\mathfrak{A}^k(M)/\mathcal{I}^k$ ist die Operation von γ gegeben durch $\gamma[\alpha] = [\gamma\alpha]$. Wegen

$$\mathfrak{A}^k(M)/(\theta\wedge, d\theta\wedge) = \mathfrak{A}^k(M)/(\gamma\theta\wedge, d(\gamma\theta\wedge))$$

ist die Operation wohldefiniert: $\gamma[\alpha] = \gamma[\alpha + \theta \wedge \beta + d\theta \wedge \delta] = [\gamma\alpha + \gamma\theta \wedge \gamma\beta + d(\gamma\theta)] = [\gamma\alpha]$.

2.) Für $k \geq n+1$ ist $\mathcal{E}^k = \{\alpha \in \Gamma(M, \Lambda^k H^*) | \theta \wedge \alpha = 0 \text{ und } d\theta \wedge \alpha = 0\}$. Weil $\mathcal{E}$ wieder nur von H abhängt, ist dann

$$\mathcal{E}^k = \{\alpha \in \Gamma(M, \Lambda^k H^*) | \gamma\theta \wedge \alpha = 0 \text{ und } d(\gamma\theta) \wedge \alpha = 0\}$$

und wir erhalten $\alpha \in \mathcal{E}^k \Leftrightarrow \gamma\alpha \in \mathcal{E}^k$. $\qquad\qquad\qquad\qquad\qquad\square$

Lemma 4.2.2. *Die Operation von γ kommutiert mit dem Differential und dem Hodge-Stern-Operator:*

$$[\gamma, d_H] = [\gamma, d_H^*] = [\gamma, D] = [\gamma, D^*] = [\gamma, \star] = 0,$$

wobei $\star : \mathcal{E}^k \to \mathcal{E}^{2n+1-k}$ *von dem üblichen Hodge-Stern-Operator induziert wird.*

Beweis. Für $k \neq n$ wurde d_H durch den de Rham-Operator definiert und weil γ mit d kommutiert, tut es dies auch mit d_H. Für $\alpha \in \mathfrak{A}^n(M)$ war $D[\alpha] = d\beta$ mit $\beta = \alpha$ mod θ mit $\theta \wedge d\beta = 0$. Wie im Beweis von Lemma 4.1.1 ist auch $\gamma\theta$ eine Kontaktform mit $\mathrm{Ker}(\gamma\theta) = H$ und der Rumin-Komplex hängt nur von H ab. Somit ist $\gamma\beta = \gamma\alpha$ mod $\gamma\theta$ und $(\gamma\theta) \wedge d(\gamma\beta) = \gamma(\theta \wedge d\beta) = 0$. Wir erhalten also

$$D[\gamma\alpha] = d(\gamma\beta) = \gamma d\beta = \gamma D[\alpha].$$

Durch Adjungieren kommutiert γ auch mit d_H^* und D_H^* und es ist $\gamma^* = \gamma^{-1}$.

Weil γ eine Kontakt-Isometrie ist, ist für eine lokale Orthonormalbasis $\{e^I\}_{|I| \leq k}$ von $\Gamma(M, \Lambda^k H^*)$ auch $\{\gamma e^I\}_{|I| \leq k}$ eine solche und somit ist

$$\star\big(\gamma(e^{i_1} \wedge \cdots \wedge e^{i_k})\big) = \gamma(e^{i_{k+1}} \wedge \cdots \wedge e^{i_{2n+1}}) = \gamma(\star(e^{i_1} \wedge \cdots \wedge e^{i_k})).$$

$$\square$$

Ebenso kommutiert γ auch mit D' und d_H'. Dazu benutzen wir Satz 2.2.6 und zeigen, dass der Isomorphismus $\varphi_\bullet$, der durch die natürliche Projektion gegeben ist, mit γ kommutiert. Dies ist aber nach der Definition der Operation von γ auf dem Quotienten der Fall:

$$\varphi_k(\gamma\alpha) = [\gamma\alpha] = \gamma[\alpha] = \gamma(\varphi_k(\alpha)).$$

Falls also eine Gruppe G isometrisch auf (M, H) operiert und die Kontaktstruktur G-invariant ist, das heißt für $\gamma \in G$ ist $T\gamma(H) = H$, dann kommutiert der Kontakt-Laplace mit der G-Operation, das heißt der Operator ist G-invariant.

Ab jetzt sei unter einer Isometrie auf einer Kontakt-Mannigfaltigkeit **immer eine Kontakt-Isometrie zu verstehen.** Nach den obigen Resultaten kommutiert für eine Isometrie γ mit Δ_K und die Eigenräume von Δ_K sind dann γ-invariant. Wir betrachten dann die Zeta-Funktion der Form

$$\zeta(\Delta_{K,k}, \gamma)(s) = \operatorname{Tr} \gamma|_{H^k(\mathcal{E}, d_H)} + \sum_{\lambda \in \sigma^*(\Delta_{K,k})} \operatorname{Tr} \gamma|_{\operatorname{Eig}_\lambda(\Delta_{K,k})} \lambda^{-s},$$

welche holomorph ist für Re s $\gg 0$.

Bemerkung 4.2.3. *Sei $k_t(x, y)$ der Integralkern von $e^{-t\Delta_K}$. Nach Kapitel 3 hat man eine asymptotische Entwicklung längs der Diagonalen der Form*

$$k_t(x, x) \sim \sum_{j=0}^{\infty} t^{\frac{2(j-n-1)}{4}} a_j(\Delta_K)(x), \qquad (4.2.1)$$

und

$$\operatorname{Tr} e^{-t\Delta_K} \overset{t \to 0}{\sim} \sum_{j=0}^{\infty} a_j(\Delta_K) t^{\frac{2(j-n-1)}{4}}$$

mit $a_j(\Delta_K) = \int_M a_j(\Delta_K)(x)\mathrm{dvol}(x)$. Ebenso hat man für eine Isometrie γ eine Entwicklung

$$(\gamma^{-1*}k_t)(x, x) \sim \sum_{j=0}^{\infty} t^{\frac{2(j-n-1)}{4}} a_j(\Delta_K, \gamma)(x) \qquad (4.2.2)$$

mit $a_j(\Delta_K, \gamma)(x) = (\gamma^{-1*}a_j)(\Delta_K)(x, x)$ und

$$\zeta(\Delta_K, \gamma)(0) = \int_M \operatorname{Tr}(a_{n+1}(\Delta_K, \gamma)(x))\mathrm{dvol}(x)$$

Dabei kann man noch etwas mehr über diese asymptotische Entwicklung aussagen. Falls Ω die Fixpunktmenge von γ bezeichnet, welche aus

Untermannigfaltigkeiten N_i der Dimension n_i bezeichnet, so hat man entsprechend zu (1.2.2) auf Seite 13 eine asymptotische Entwicklung der Form

$$\operatorname{Tr} \gamma e^{-t\Delta_K} \overset{t \to 0}{\sim} \sum_{N_i \in \Omega} \sum_{j=0}^{\infty} t^{\frac{2(j-n_i-1)}{4}} \int_{N_i} a_j(\Delta_K, \gamma)(x) \mathrm{dvol}_{N_i}(x),$$

$$(4.2.3)$$

weil sich der Beweis aus [Do76] oder [Gi84] auf riemannsche Kontakt-Mannigfaltigkeiten übertragen lässt. Wir werden jedoch nicht Gebraich wenn dieser Tatsache machen und einfachheitshalber die Entwicklung (4.2.2) verwenden, denn es wird klar sein, wie die nachfolgenden Formeln bezüglich der Entwicklung (4.2.3) aussehen werden.

Mit den Resultaten am Ende von Kapitel 3 können wir etwas genauer über die Koeffizienten in der asymptotischen Entwicklung sein:

Proposition 4.2.4. *Die Koeffizienten $a_j(\Delta_K, \gamma)(x)$ in der asymptotischen Entwicklung des Kerns $(\gamma^{-1*}k_t)$ sind gegeben durch universelle Polynome (das heißt sie sind unabhängig von M) in den Tanaka-Tanno-Webster-Krümmung, -Torsion und deren Ableitungen.*

4.3 Äquivariante Kontakt-Torsion

Kommen wir nun zu der Definition der äquivarianten Torsion. Dazu betrachten wir den endlich-dimensionalen Komplex

$$V_{]0,\lambda]} = \bigoplus_{k=0}^{2n+1} \{\Delta_{K,k} \le \lambda\}$$

als Approximation des Rumin-Komplexes.

Lemma 4.3.1. *Die äquivariante Torsion bezüglich γ von $(V_{]0,\lambda]}, d_H)$ ist*

$$\tau(V_{]0,\lambda]}, d_H, \gamma) = e^{\frac{1}{4} \sum_{k=0}^{2n+1} (-1)^{k+1} w(k) \zeta'(\Delta_{K,k}|V_{]0,\lambda]}, \gamma)(0)},$$

mit

$$w(k) = \begin{cases} k, & \text{für } k \leq n \\ k+1, & \text{für } k > n. \end{cases}$$

Beweis. Es ist

$$\det(\Delta_{K,k}|V_{\xi,]0,\xi]}) = \begin{cases} P_{k-1,\xi}^2 P_{k,\xi}^2, & \text{falls } k \neq n, n+1 \\ P_{n-1,\xi}^2 P_{n,\xi}^2, & \text{falls } k = n \\ P_{n,\xi}^2 P_{n+1,\xi}^2, & \text{falls } k = n+1, \end{cases}$$

und somit ist mit Lemma 4.14

$$\tau(V_{]0,\lambda]}, d_H, \gamma)^4 = \prod_{k=0}^{2n+1} \prod_{\xi \in \sigma(\gamma)} P_{k,\xi}^{(-1)^{k+1}2\xi}$$

$$= \prod_{k=0}^{2n+1} \prod_{\xi \in \sigma(\gamma)} \det(\Delta_{K,k}|V_{\xi,]0,\lambda]})^{(-1)^k w(k)\xi}$$

$$= \exp\left(\sum_{k=0}^{2n+1} (-1)^k w(k) \sum_{\xi \in \sigma(\gamma)} \xi \cdot \sum_{\mu \in \sigma^*(\Delta_{K,k}) \cap V_{\xi,]0,\lambda]}} \log \mu \right)$$

$$= \exp\left(\sum_{k=0}^{2n+1} (-1)^k w(k) \sum_{\mu \in \sigma^*(\Delta_{K,k}) \cap V_{\xi,]0,\nu]}} \operatorname{Tr} \gamma_{|\operatorname{Eig}_\lambda(\Delta_{K,k})} \log \mu \right)$$

$$= \exp\left(\sum_{k=0}^{2n+1} (-1)^{k+1} w(k) \zeta'(\Delta_{K,k}|V_{]0,\lambda]}, \gamma)(0) \right)$$

□

Dies motiviert zu folgender Definition der analytischen Kontakt-Torsion.

Definition 4.3.2. *Sei* (M, H, g) *eine Kontakt-Mannigfaltigkeit und* γ *eine Isometrie. Die* äquivariante analytische Kontakt-Torsion bezüglich γ *ist gegeben durch*

$$T_K(M, g, \gamma) = e^{\frac{1}{4} \sum\limits_{k=0}^{2n+1} (-1)^{k+1} w(k) \zeta'(\Delta_{K,k}, \gamma)(0)}.$$

Die γ-äquivariante Ray-Singer Kontakt-Metrik $\| \quad \|_{K,\gamma}$ auf det $H^\bullet(\mathcal{E}, d_H)$ *ist*

$$\| \quad \|_{K,\gamma} = T_K(M, g, \gamma)| \ |_{\det H^\bullet(\mathcal{E}, d_H)}.$$

Für $\gamma = $ id erhält man die Kontakt-Torsion aus [RuS12]. Sei $\mathcal{P}_k$ die Orthogonalprojektion von $\mathfrak{A}^k(M)$ auf Ker $\Delta_{K,k}$ und $e^{-t\Delta'_{K,k}} := e^{-t\Delta_{K,k}} - \mathcal{P}_k$. Dann fällt $\text{Tr}(e^{-t\Delta'_{K,k}})$ exponentiell für $t \to \infty$ und die Mellin-Transformation kann darauf angewendet werden. Unter Benutzung der Gleichheit $\lambda^{-s} = \frac{1}{\Gamma(s)} \int\limits_0^\infty t^{s-1} e^{-t\lambda} dt$ für $\lambda > 0$ und $s > 0$ kann man somit die äquivariante Kontakt-Torsion auch schreiben als

$$T_K(M, g, \gamma) = \exp\left(\frac{1}{4} \sum_{k=0}^{2n+1} (-1)^{k+1} w(k) \zeta'(\Delta_{K,k}, \gamma)(0) \right)$$

$$= \exp\left(\frac{1}{4} \sum_{k=0}^{2n+1} \frac{d}{ds}_{|s=0} (-1)^{k+1} w(k) \sum_{\lambda \in \sigma^* \Delta_{K,k}} \text{Tr}\, \gamma_{|\text{Eig}_\lambda(\Delta_{K,k})} \lambda^{-s} \right)$$

$$= \exp\left(\frac{1}{4} \sum_{k=0}^{2n+1} \frac{d}{ds}_{|s=0} (-1)^{k+1} w(k) \right.$$

$$\left. \cdot \sum_{\lambda \in \sigma^* \Delta_{K,k}} \text{Tr}\, \gamma_{|\text{Eig}_\lambda(\Delta_{K,k})} \frac{1}{\Gamma(s)} \int_0^\infty t^{s-1} e^{-t\lambda} dt \right)$$

$$= \exp\left(\frac{1}{4} \sum_{k=0}^{2n+1} \frac{d}{ds}_{|s=0} \frac{1}{\Gamma(s)} \int_0^\infty t^{s-1} (-1)^{k+1} w(k) \text{Tr}(\gamma \circ e^{-t\Delta'_{K,k}-s}) dt \right).$$

$$(4.3.1)$$

Proposition 4.3.3. *Sei G eine Gruppe, die isometrisch auf M operiert und $\gamma_1, \gamma_2 \in G$. Dann ist*

$$T_K(M, g, \gamma_2\gamma_1\gamma_2^{-1}) = T_K(M, g, \gamma_1)$$

und insbesondere $T_K(M, g, \gamma_2\gamma_1) = T_K(M, g, \gamma_1\gamma_2)$.

Beweis. Der Kontakt-Laplace-Operator hat einen glatten Wärmeleitungskern. Weil ein Operator mit einem glatten Integralkern mit einem Differentialoperator innerhalb der Spur kommutiert, erhalten wir mit (4.3.1)

$$T_K(M, g, \gamma_2\gamma_1\gamma_2^{-1}) = \exp\left(\frac{1}{4}\sum_{k=0}^{2n+1}\frac{d}{ds}_{|s=0}\frac{1}{\Gamma(s)}\int_0^\infty t^{s-1}(-1)^{k+1}w(k)\right.$$
$$\left. \cdot\,\mathrm{Tr}(\gamma_2\gamma_1\gamma_2^{-1}\circ e^{-t\Delta_{K,k}^{-s}})dt\right)$$

$$= \exp\left(\frac{1}{4}\sum_{k=0}^{2n+1}\frac{d}{ds}_{|s=0}\frac{1}{\Gamma(s)}\int_0^\infty t^{s-1}(-1)^{k+1}w(k)\right.$$
$$\left. \cdot\,\mathrm{Tr}(\gamma_2\gamma_1\circ e^{-t\Delta_{K,k}^{-s}}\circ\gamma_2^{-1})dt\right)$$

$$= T_K(M, g, \gamma_1),$$

und somit ist

$$T_K(M, g, \gamma_2\gamma_1) = T_K(M, g, \gamma_2^{-1}\gamma_2\gamma_1\gamma_2) = T_K(M, g, \gamma_1\gamma_2).$$

$\square$

Literatur

Der Begriff der äquivarianten Determinante wurde aus [KR01] übernommen. Die Beweise der Aussagen über die Kontakt-Torsion aus
[RuS12] ließen sich auf den äquivarianten Fall übertragen, weswegen
auch [RuS12] als Hauptliteratur dieses Kapitels benutzt wurde.

5 Variationsformeln bezüglich Fixpunkten

Wir haben gesehen, dass die Metrik sowohl von der Kontaktform als auch von der fast-komplexen Struktur abhängt, wodurch auch die Torsion und die Kontakt-Metrik von diesen beiden Größen abhängt. In diesem Kapitel werden Variationsformeln hergeleitet, falls man die Kontaktform und die fast-komplexe Struktur glatt variiert. Dazu betrachten wir auch die Fälle, in denen die Operation von der Isometrie γ keine oder nur isolierte Fixpunkte aufweist.

5.1 Variation der äquivarianten Kontakt-Torsion

In diesem Abschnitt wollen wir die Variation der äquivarianten Kontakt-Torsion beschreiben. Wir erweitern dazu die Resultate aus [RuS12] für den äquivarianten Fall.

Definition 5.1.1. *Die* äquivariante Kontakt-Torsionfunktion *bezüglich* γ *ist die meromorphe Funktion*

$$\kappa(s, \gamma) = \frac{1}{2} \sum_{k=1}^{2n+1} (-1)^{k+1} w(k) \zeta(\Delta_{K,k}, \gamma)(s).$$

Sie erfüllt $T_K(M; g, \gamma) = e^{\frac{1}{2}\kappa'(0)}$.

Man kann die Funktion auch noch anders darstellen. Dazu sei

$$c_k := (-1)^k (n + 1 - k).$$

Dann ist für $k \leq n$

$$\frac{1}{2}\big(w(k) + w(2n+1-k)\big)$$

$$=\frac{1}{2}\big((-1)^{k+1}k + (-1)^{2n+1-k+1}(2n+1-k+1)\big)$$

$$=\frac{1}{2}\big((-1)^{k+1}k - (-1)^{k+1}(2n-k+2)\big) = (-1)^k\frac{1}{2}\big(2n-2k+2\big)$$

$$=c_k.$$

Mit Hilfe der Hodge-Dualität lässt sich $\kappa(s,\gamma)$ somit schreiben als

$$\kappa(s,\gamma) = \sum_{k=0}^{n} c_k \zeta(\Delta_{K,k},\gamma)(s).$$

Sei jetzt $(\theta_\varepsilon, J_\varepsilon)_{\varepsilon \in [0,1]}$ eine Familie von Kontaktformen und fast-komplexen Strukturen, die glatt von ε abhängen. Wir wollen jetzt das Verhalten der Torsion bezüglich solch einer Variation betrachten. Bezeichne dazu die Hochstellung von $\bullet$. die erste Variation $\frac{d}{d\varepsilon}\big|_{\varepsilon=0}$ und $\alpha := \star^{-1}\star^\bullet$. Erstmal kommt ein kleines Hilfslemma über die Variation von $\star$.

Lemma 5.1.2. *Es ist*

$$\star\alpha + \alpha\star = 0 \qquad und \qquad \star^{-1}\star^\bullet + \star^\bullet\star^{-1} = 0.$$

Beweis. Erstmal ist $\star^2 = 1$, weil die Dimension von M ungerade ist. Daraus folgt

$$0 = \frac{d}{d\varepsilon}(\star^2) = \big(\frac{d}{d\varepsilon}\star\big)\star + \star\big(\frac{d}{d\varepsilon}\star\big) = \big(\frac{d}{d\varepsilon}\star\big)\star^{-1} + \star\big(\frac{d}{d\varepsilon}\star\big)$$

$$\Leftrightarrow 0 = \big(\frac{d}{d\varepsilon}\star\big)\star^{-1}\star + \star\big(\frac{d}{d\varepsilon}\star\big)\star^{-1}$$

$$\Leftrightarrow 0 = \star\alpha + \alpha\star = \star^\bullet + \star^{-1}\star^\bullet\star = \star^\bullet + \star\star^\bullet\star^{-1}$$

$$\Leftrightarrow 0 = \star^{-1}\star^\bullet + \star^\bullet\star^{-1}.$$

□

In [RuS12] wurde gezeigt, dass dieser Operator ebenfalls wie der Hodge-Laplace-Operator auf geschlossene Mannigfaltigkeiten die Gleichung

$$\left(\mathrm{Tr}(e^{-t\Delta_K}) \right)^{\bullet} = -t \, \mathrm{Tr}(\Delta_K^{\bullet} e^{-t\Delta_K}) \qquad (5.1.1)$$

erfüllt. Damit sind wir jetzt bereit, eine Variationsformel der äquivarianten Kontakt-Torsion anzugeben.

Satz 5.1.3. *Es bezeichne* $\alpha_{t^0,k,\gamma}$ *den Koeffizieten vor* t^0 *in der asymptotischen Entwicklung von* $\gamma \alpha e^{-t\Delta_{K,k}}$. *Wir betrachten die Volumenform* dvol $= \theta \wedge (d\theta)^{\wedge n}$. *Sei außerdem* $\mathcal{P}_k$ *die Orthogonalprojektion auf* $\ker \Delta_{K,k}$. *Dann gelten:*

1.) Es ist $\kappa(0,\gamma)^{\bullet} = 0$.
2.) Die Variation der äquivarianten analytischen Torsion ist gegeben durch

$$\left(T_K(M, g_\varepsilon, \gamma) \right)^{\bullet} = T_K(M, g_0, \gamma)$$
$$\cdot \sum_{k=0}^{n} (-1)^k \left(\int_M \mathrm{Tr}(\alpha_{t^0,k,\gamma}) \mathrm{dvol} - \mathrm{Tr}(\alpha \gamma \mathcal{P}_k) \right).$$

Beweis. Sei $f(s,\gamma) = \Gamma(s)\kappa(s,\gamma)$. Dann ist für Re $s \gg 0$ mit (4.3.1)

$$f(s,\gamma) = \sum_{k=0}^{n} c_k \int_0^{\infty} t^{s-1} \, \mathrm{Tr}(\gamma \circ e^{-t\Delta'_{K,k}}) dt + \Gamma(s) \sum_{k=0}^{n} c_k \, \mathrm{Tr} \, \gamma_{|_{H^k(\mathcal{E}, d_H)}}.$$

Der zweite Summand hängt von der Metrik nicht ab und verschwindet bei der Ableitung. Mit (5.1.1) haben wir

$$(\mathrm{Tr}(\gamma e^{-t\Delta_{K,k}}))^{\bullet} = -t \, \mathrm{Tr}(\gamma \Delta_K^{\bullet} e^{-t\Delta_{K,k}}).$$

Nun ist

$$\Delta_{K,k}^{\bullet} = \begin{cases} -d_H\alpha d_H^* d_H d_H^* + d_H d_H^* \alpha d_H d_H^* - d_H d_H^* d_H \alpha d_H^* \\ +d_H d_H^* d_H d_H^* \alpha - \alpha d_H^* d_H d_H^* d_H + d_H^* \alpha d_H d_H^* d_H \\ -d_H^* d_H \alpha d_H^* d_H + d_H^* d_H d_H^* \alpha d_H \\ \text{auf } \mathcal{E}^k, \text{ falls } k \neq n, n+1, \\ -d_H\alpha d_H^* d_H d_H^* + d_H d_H^* \alpha d_H d_H^* - d_H d_H^* d_H \alpha d_H^* \\ +d_H d_H^* d_H d_H^* \alpha - \alpha D^* D + D^* \alpha D \\ \text{auf } \mathcal{E}^n. \end{cases}$$

Dies folgt aus einer einfachen, aber länglichen Rechnung, indem man Lemma 2.2.9 anwendet, Leibnizregel benutzt und dann an geeigneten Stellen $\star\star^{-1}$ ergänzt und $\star^{-1}\star^{\bullet} = -\star^{\bullet}\star^{-1}$ aus Lemma 5.1.2 benutzt. Weil zwei glatte Operatoren innerhalb der Spur kommutieren, kann man die α's innerhalb der Spur nach vorne bringen. Des Weiteren ist

$$\star\alpha DD^* e^{-t\Delta_{K,n+1}} = -(-1)^{n+1}\alpha \star D \star D \star e^{-t\Delta_{K,n+1}}$$
$$= -(-1)^{n+1}\alpha \star D \star De^{-t\Delta_{K,n}}\star = -\alpha D^* De^{-t\Delta_{K,n}}\star,$$

das heißt es ist $\alpha DD^* e^{-t\Delta_{K,n+1}} = -\star^{-1}(\alpha D^* De^{-t\Delta_{K,n}})\star$ und somit

$$\mathrm{Tr}(\alpha DD^* e^{-t\Delta_{K,n+1}}) = -\mathrm{Tr}(\alpha D^* De^{-t\Delta_{K,n}}).$$

Daraus folgt also

$$\sum_{k=0}^{n} c_k \mathrm{Tr}(\Delta_{K,k})$$

$$= 2\sum_{k=0}^{n-1} \mathrm{Tr}\left((\alpha(c_k + c_{k-1})(d_H d_H^*)^2 - \alpha(c_k + c_{k+1}(d_H^* d_H)^2)e^{-t\Delta_{K,k}}\right)$$

$$\quad + 2\,\mathrm{Tr}\left((\alpha(c_n + c_{n-1})(d_H d_H^*)^2 - \alpha c_n D^* D)e^{-t\Delta_{K,n}}\right)$$

$$= 2\sum_{k=0}^{n} (-1)^{k+1} \mathrm{Tr}(\alpha\Delta_{K,k}e^{-t\Delta_{K,k}})$$

$$= -2\frac{d}{dt}\sum_{k=0}^{n}(-1)^{k+1}\,\mathrm{Tr}(\alpha e^{-t\Delta_{K,k}}).$$

Für $s \gg 0$ bekommt man durch partielle Integration

$$f(s,\gamma)^{\bullet} = -\sum_{k=0}^{n}\int_{0}^{\infty}t^{s}c_{k}\,\mathrm{Tr}(\gamma\Delta_{K,k}^{\bullet}e^{-t\Delta_{K,k}})dt$$

$$= 2\sum_{k=0}^{n}(-1)^{k+1}\int_{0}^{\infty}t^{s}\frac{d}{dt}\,\mathrm{Tr}(\gamma\alpha e^{-t\Delta_{K,k}})dt$$

$$= 2s\sum_{k=0}^{n}(-1)^{k}\int_{0}^{\infty}t^{s-1}\,\mathrm{Tr}(\gamma\alpha e^{-t\Delta_{K,k}'})dt := h(s,\gamma).$$

Die Gleichheit gilt für Re $s \gg 0$. Dies führen wir fort nahe bei $s = 0$. Betrachten wir dazu erst $h(s,\gamma)$ und überprüfen, dass h bei $s = 0$ holomorph ist. Wir gehen dabei wie im Beweis von Satz 1.2.1 vor. Durch Zerlegung des Integral als $\int_{0}^{1} + \int_{1}^{\infty}$ und Anwendung der asymptotischen Entwicklung erhalten wir für s nahe bei 0:

$$\int_{0}^{\infty}t^{s-1}\,\mathrm{Tr}(\gamma\alpha e^{-t\Delta_{K,k}})dt - \int_{0}^{\infty}t^{s-1}\,\mathrm{Tr}(\gamma\alpha\mathcal{P}_{k}dt)$$

$$= \int_{0}^{\infty}t^{s-1}\int_{M}\mathrm{Tr}\left(\alpha(x)(\gamma^{-1*}k_{t})(x,x)\right)\mathrm{dvol}(x)dt$$

$$- \int_{0}^{1}t^{s-1}\,\mathrm{Tr}(\gamma\alpha\mathcal{P}_{k})dt - \int_{1}^{\infty}t^{s-1}\,\mathrm{Tr}(\gamma\alpha\mathcal{P}_{k})dt$$

$$= \int_{0}^{\infty}t^{s-1}\int_{M}\sum_{j=0}^{n+2}\mathrm{Tr}\left(\alpha(x)a_{j}(\Delta_{K,k},\gamma)(x)\right)t^{2(j-n-1)/4}\mathrm{dvol}(x)dt$$

$$- \frac{1}{s}\,\mathrm{Tr}(\gamma\alpha\mathcal{P}_{k}) + R(s)$$

$$= \int_M \int_0^\infty \sum_{j=0}^{n+2} t^{s-1+(j-n-1)/2} \operatorname{Tr}\left(\alpha(x)a_j(\Delta_{K,k},\gamma)(x)\right) dt \operatorname{dvol}(x)$$

$$- \frac{1}{s}\operatorname{Tr}(\gamma\alpha\mathcal{P}_k) + R(s)$$

$$= \sum_{j=0}^{n+2}(s+\frac{j-n-1}{2})^{-1}\int_M \operatorname{Tr}\left(\alpha(x)a_j(\Delta_{K,k},\gamma)(x)\right)\operatorname{dvol}(x)$$

$$- \frac{1}{s}\operatorname{Tr}(\gamma\alpha\mathcal{P}_k) + R(s),$$

wobei $R(s)$ den für Re $s > \frac{1}{2}$ holomorphen Rest bezeichnet. Das heißt h ist bei 0 holomorph mit

$$h(0,\gamma) = 2\sum_{k=0}^{n}(-1)^k(\int_M \operatorname{Tr}\left(\alpha a_j(\Delta_{K,k},\gamma)\right)\operatorname{dvol} - \operatorname{Tr}(\gamma\alpha\mathcal{P}_k)).$$

Schauen wir uns jetzt $f(s,\gamma)$ an. Hier muss man sowohl überprüfen, dass sie bei $s=0$ holomorph ist, als auch dass die Ableitung bezüglich der Metrik existiert. f war für Re s groß genug gegeben durch

$$f(s,\gamma) = \sum_{k=0}^{n} c_k \left(\int_0^1 + \int_1^\infty\right) t^{s-1}\operatorname{Tr}(\gamma\circ e^{-t\Delta'_{K,k}})dt$$

$$+ \Gamma(s)\sum_{k=0}^{n} c_k \operatorname{Tr}\gamma_{|H^k(\mathcal{E},d_H)}.$$

Wegen $\left(\operatorname{Tr}(e^{-t\Delta_K})\right)^\bullet = -t\operatorname{Tr}(\Delta_K^\bullet e^{-t\Delta_K})$ ist das Integral $\int_1^\infty$ und dessen Ableitungen in g holomorph auf $\mathbf{C}$.

Für das Integral $\int_0^1$ sei dazu H_t ein Parametrix mit Ordnung N zu $\Delta_K + \frac{\partial}{\partial t}$ und R_t der Rest. Es ist

$$\int_0^1 t^{s-1}\operatorname{Tr}(\gamma\circ e^{-t\Delta_{K,k}})dt$$

$$= \int_0^1 t^{s-1} \operatorname{Tr}(\gamma \circ H_t) dt + \int_0^1 t^{s-1} \operatorname{Tr}(\gamma \circ (e^{-t\Delta_{K,k}} - H_t)) dt.$$

Wir haben $\operatorname{Tr}(\gamma \circ H_t) = \sum_{i=0}^N t^{\frac{i-n-1}{2}} P_i(R)$ und das zugehörige wobei Integral ist $\sum_{i=0}^N (s + \frac{i-n-1}{2})^{-1} P_i(R)$, wobei die $P_i(R)$ nach Abschnitt 3.3 Integrale von universelle Polynome in der Krümmung und dessen Ableitungen sind. Damit ist dieser Teil bei $s = 0$ holomorph und hängt glatt von der Metrik ab. Für das zweite Integral benutzen wir

$$e^{-t\Delta_{K,k}} - H_t = - \int_0^t e^{-(-t-u)\Delta_{K,k}} R_u du.$$

Mit den Abschätzungen aus dem dritten Kapitel gilt für den Rest $\|R_u\|_{p,p+M} \leq C u^k$ für jedes p und $k \leq N - m - n$. Wählen wir $N \geq 3n + 3$, dann ist außerdem

$$\operatorname{Tr} |\gamma \circ e^{-(-t-u)\Delta_{K,k}} R_u| \leq \operatorname{Tr} |\gamma| \operatorname{Tr} |R_u| \leq C_\gamma \|R_u\|_{-2n-3,0}$$

für kleines u beschränkt. Damit ist das zugehörige Integral für Re $s > -1$ holomorph und nach Kontruktion von H_t und R_t hängt sie glatt von der Metrik ab.

Somit ist $f(s,\gamma)^\bullet = \Gamma(s)\kappa^\bullet(s,\gamma) = h(s,\gamma)$ nahe $s = 0$. Wegen $\Gamma(s) \sim s^{-1}$ ist

$$\kappa^\bullet(0,\gamma) = \frac{1}{\Gamma(s)}_{|s=0} h(0,\gamma) = 0,$$

und

$$\kappa'(0,\gamma)^\bullet = \lim_{s \to 0} \frac{\kappa(s,\gamma)^\bullet - \kappa(0,\gamma)^\bullet}{s} = \lim_{s \to 0} \Gamma(s)\kappa(s,\gamma)^\bullet = h(0,\gamma),$$

welches die Formel für $T_K(M,g,\gamma))^\bullet$ impliziert. □

Korollar 5.1.4. *Sei* $\| \ \|_{K,\gamma,g_\varepsilon}$ *die* γ*-äquivariante Ray-Singer Kontakt-Metrik auf* det $H^\bullet(\mathcal{E}, d_H)$ *in Abhängigkeit von der Metrik* g_ε. *Dann ist deren Variation gegeben als*

$$(\| \ \|_{K,\gamma,g_\varepsilon})^\bullet = \| \ \|_{K,\gamma,g_0} \sum_{k=0}^n (-1)^k \int_M \operatorname{Tr}(\alpha a_{t^0,k,\gamma}) \theta \wedge (d\theta)^{\wedge n}.$$

Beweis. Die Metrik $\mid$ $\mid_{H^\bullet(\mathcal{E},d_H)}$ auf $H^\bullet(\mathcal{E},d_H)$ wurde durch die Identifikation von $H^\bullet(\mathcal{E},d_H)$ mit $\mathcal{H}^\bullet(\mathcal{E},d_H)$ gegeben, das heißt es ist

$$\langle [u],[v] \rangle = \int_M \mathcal{P}u \wedge \star \mathcal{P}v,$$

wobei hier $\mathcal{P}$ die Orthogonalprojektion auf harmonische Formen bezeichnet und $u,v \in \mathfrak{A}^\bullet(\mathcal{E})$ sind. Die Kohomologie hängt nicht von der Metrik ab und für $v \in \mathcal{H}^\bullet(\mathcal{E},d_H)$ ist

$$0 = \langle \mathcal{P}u, v \rangle^\bullet = \langle \mathcal{P}^\bullet u, v \rangle,$$

das heißt es ist $\mathcal{P}^\bullet(\mathcal{H}^\bullet(\mathcal{E},d_H)) \perp \mathcal{H}^\bullet(\mathcal{E},d_H)$ und somit

$$\langle [u],[v] \rangle^\bullet = \int_M (\mathcal{P}u \wedge \star \mathcal{P}v)^\bullet = \int_M \mathcal{P}u \wedge (\star)^\bullet \mathcal{P}v = \langle [u], \alpha[v] \rangle.$$

Jetzt wählen wir eine Basis $\{s_{i,k}\}_{i\in I}$ für jedes $\mathcal{H}^k(\mathcal{E},d_H)$, $k = 0, \ldots,$ $2n+1$ und benutzen die obige Gleichheit, so dass wir

$$\frac{\mid\;\mid^2}{\mid\;\mid^2}^\bullet = \sum_{k=0}^{2n+1} (-1)^k \sum_{i\in I} \langle s_{i,k}, \alpha \mathcal{P}_k u \rangle = \sum_{k=0}^{2n+1} (-1)^k \operatorname{Tr}(\alpha \mathcal{P}_k)$$

bekommen. Durch die Hodge-Dualität in der Definition von $H^k(\mathcal{E},d_H)$ haben wir somit

$$(\log \mid\;\mid_{H^\bullet(\mathcal{E},d_H)})^\bullet = \sum_{k=0}^{n} (-1)^k \operatorname{Tr}(\alpha \mathcal{P}_k).$$

Schließlich bekommen wir

$$(\log \|\;\|_{K,\gamma})^\bullet = \log T_K(M,g,\gamma)^\bullet + \log \mid\;\mid_{H^\bullet(\mathcal{E},d_H)})^\bullet$$

$$= \log T_K(M,g,\gamma)^\bullet + \sum_{k=0}^{n} (-1)^k \operatorname{Tr}(\alpha \mathcal{P}_k),$$

welches mit Satz 5.1.3 die erste Formel entspricht.

$\square$

Beispiel 5.1.5. *Mit der Varaition $(\theta_\varepsilon = e^{2\varepsilon f}\theta, J_\varepsilon = J)$ für eine Funktion f ist*

$$(\| \ \|_{K,\gamma,g_\varepsilon})^\bullet = \| \ \|_{K,\gamma,g_0} 2 \sum_{k=0}^{n} (-1)^k (n+1-k) \int_M f \operatorname{Tr}(a_{t^0,k,\gamma}) \theta \wedge (d\theta)^n,$$

Dies sieht man wie folgt. Auf H ist $d(e^{2\varepsilon f}\theta)(\cdot, J\cdot) = e^{2\varepsilon f} d\theta(\cdot, J\cdot)$, das heißt die Metrik g_ε bezüglich obiger Varation ist

$$e^{2\varepsilon f} d\theta(\cdot, J\cdot) + e^{4\varepsilon f}\theta \otimes \theta.$$

Dann ist für eine lokale Orthonormalbasis $\{e_i, T\}_{i=1,\cdots 2n}$ bezüglich $g = g_0$ eine Orthonormalbasis bezüglich g_ε gegeben durch $\{e^{-2\varepsilon f} e_i, e^{-4\varepsilon f} T\}_{i=1,\ldots,2n}$. Somit ist

$$\star_\varepsilon (e^{-2\varepsilon fk} e_{i_1} \wedge \cdots \wedge e_{i_k}) = e^{-2\varepsilon f(2n+2-k)} e_{i_{k+1}} \wedge \cdots \wedge e_{i_{2n+1}}.$$

Damit erhalten wir $\star_\varepsilon (e_{i_1} \wedge \cdots \wedge e_{i_k}) = e^{-2\varepsilon f(2n+2-2k)} e_{i_{k+1}} \wedge \cdots \wedge e_{i_{2n+1}}$ und mit Ableiten an der Stelle Null ist dann $\star^\bullet = 2(n + 1 - k)f\star$. Daraus folgt

$$\alpha = 2(n + 1 - k)f\mathrm{id},$$

womit die obige Formel aus Korollar 5.1.4 folgt.

5.2 Fixpunktfreie Operation

In diesem Abschnitt wollen wir die äquivariante Torsion unter einer fixpunktfreien Operation von γ betrachten und uns deren variationales Verhalten unter diesem Gesichtspunkt genauer anschauen. Nun verschwindet in (4.2.2) auf Seite 45 die rechte Seite für eine fixpunktfreie Operation, wodurch sofort für die Variation der Torsion mit Satz 5.1.3

$$T_K(M, g_\varepsilon, \gamma))^\bullet = T_K(M, g_0, \gamma) \sum_{k=0}^{n} (-1)^{k+1} \operatorname{Tr}(\gamma \alpha \mathcal{P}_k)$$

folgt. Wir werden in diesem Abschnitt einen alternativen Beweis für diese Formel sehen, als Folgerung eines hilfreichen Lemmas, welches

wir im nächsten Abschnitt benötigen werden. Dieses Lemma kann als
ein Analogon zum Satz von Mckean-Singer für unseren Kontakt-Fall
angesehen werden.

Lemma 5.2.1. *Für die meromorphe Fortsetzung der Zeta-Funktion*
$\zeta(\Delta_{K,k}, \gamma)(s)$ *ist*

$$\sum_{k=0}^{2n+1} (-1)^k \zeta(\Delta_{K,k}, \gamma)(0) = \sum_{k=0}^{2n+1} (-1)^k \operatorname{Tr}(\gamma_{|_{H^k(M)}}).$$

Beweis. Nach der Definition der Zeta-Funktion ist

$$\sum_{k=0}^{2n+1} (-1)^k \zeta(\Delta_{K,k}, \gamma)(s)$$

$$= \sum_{k=0}^{2n+1} (-1)^k \left(\operatorname{Tr} \gamma_{|_{H^k(\mathcal{E}, d_H)}} + \sum_{\lambda \in \sigma^*(\Delta_{K,k})} \operatorname{Tr} \gamma_{|_{\operatorname{Eig}_\lambda(\Delta_{K,k})}} \lambda^{-s} \right).$$

Weil die Kohomologie des Rumin-Komplexes mit der de Rham-Kohomologie übereinstimmt, müssen wir nur

$$\sum_{k=0}^{2n+1} (-1)^k \sum_{\lambda \in \sigma^*(\Delta_{K,k})} \operatorname{Tr} \gamma_{|_{\operatorname{Eig}_\lambda(\Delta_{K,k})}} \lambda^{-s}$$

$$= \sum_{\lambda \in \sigma^*(\Delta_K)} \operatorname{Tr}_s \gamma_{|_{\operatorname{Eig}_\lambda(\Delta_K)}} \lambda^{-s} = 0$$

an der Stelle $s = 0$ zeigen.

Sei erstmal $\operatorname{Re} s \gg 0$ und $\varepsilon > 0$ fest. Sei $\Delta_{K,\gamma}^{\pm} = \Delta_{K,\gamma_{|_{\mathcal{E}^{\pm}}}}$. Für einen
Eigenwert $\lambda \neq 0$ von $\Delta_{K,\gamma}$ sei $\chi_\lambda^{\pm} = \operatorname{Tr} \gamma_{|_{\operatorname{Eig}_\lambda(\Delta_{K,\gamma}^{\pm})}}$. Dann ist

$$\operatorname{Tr}_s((\Delta_K')^{-s}\gamma) = \sum_{\lambda > 0} (\chi_\lambda^+ - \chi_\lambda^-)(\lambda)^{-s}.$$

Sei erstmal n gerade. Dann betrachte die Abbildungen $\varphi : \operatorname{Eig}_\lambda(\Delta_{K,\gamma}^+) \to$
$\operatorname{Eig}_\lambda(\Delta_{K,\gamma}^-)$ gegeben durch

$$\varphi(\alpha) = \begin{cases} (d_H + d_H^*)\alpha, & \text{für } \alpha \in \mathcal{E}_k, k \neq n \\ (D + d_H^*)\alpha, & \text{für } \alpha \in \mathcal{E}_n \end{cases}$$

und $\psi : \text{Eig}_\lambda(\Delta_{K,\gamma}^-) \to \text{Eig}_\lambda(\Delta_{K,\gamma}^+)$ gegeben durch

$$\psi(\alpha) = \begin{cases} \lambda^{-\frac{1}{2}}(d_H + d_H^*)\alpha, & \text{für } \alpha \in \mathcal{E}_k, k \neq n+1 \\ (\lambda^{-\frac{1}{2}}d_H + \lambda^{-1}D^*)\alpha, & \text{für } \alpha \in \mathcal{E}_{n+1}. \end{cases}$$

Die Abbildung φ ist wohldefiniert, weil $d_H + d_H^*$ mit $\Delta_{K,\gamma}$ kommutiert. Dies gilt auch für $D + d_H^*$, denn für $\alpha \in \text{Eig}_\lambda(\Delta_{K,\gamma}^+) \cap \mathcal{E}_n$, das heißt $((d_H d_H^*)^2 + D^*D)\alpha = \lambda\alpha$, ist

$$\begin{aligned} \Delta_{K,\gamma}(D + d_H^*)\alpha &= (DD^* + (d_H^* d_H)^2)(D\alpha) + (d_H d_H^* + d_H^* d_H)^2 d_H^* \alpha \\ &= DD^*D\alpha + d_H^*(d_H d_H^*)^2 \alpha \\ &= \lambda(D + d_H^*)\alpha. \end{aligned}$$

In gleicher Weise ist auch ψ wohldefiniert. Wir zeigen jetzt, dass diese Abbildungen invers zueinander sind.

1. Fall: Sei $\alpha \in \text{Eig}_\lambda(\Delta_{K,\gamma}^+) \cap \mathcal{E}_k, k \neq n$. Dann ist

$$(\psi \circ \varphi)\alpha = \lambda^{-\frac{1}{2}}(d_H + d_H^*)^2\alpha = \lambda^{-\frac{1}{2}}\lambda^{\frac{1}{2}}\alpha = \alpha.$$

2. Fall: Sei $\alpha \in \text{Eig}_\lambda(\Delta_{K,\gamma}^+) \cap \mathcal{E}_n$.
Schreibe $\alpha = \alpha_1 + \alpha_2 \in (\overline{\text{Eig}_\lambda \Delta_{K,n}} \cap \ker D) \bigoplus (\text{Eig}_\lambda \Delta_{K,n} \cap \text{im } D^*)$. Dann ist

$$\begin{aligned} (\psi \circ \varphi)(\alpha_1 + \alpha_2) &= \psi(d_H^* \alpha_1) + \psi(D\alpha_2) \\ &= \lambda^{-\frac{1}{2}}d_H d_H^* \alpha_1 + \lambda^{-1}D^*D\alpha_2 \\ &= \lambda^{-\frac{1}{2}}\lambda^{\frac{1}{2}}\alpha_1 + \lambda^{-1}\lambda\alpha_2 = \alpha. \end{aligned}$$

Analog zeigt man $\varphi \circ \psi = \text{id}$. Für ungerades n zeigt man dies auf ähnlicher Weise durch Vertauschung von φ und ψ. Weil γ mit φ und ψ kommutiert, erhalten wir $\chi_\lambda^+ = \chi_\lambda^-$, womit wir

$$\text{Tr}_s((\Delta_K')^{-s}\gamma) = 0$$

bekommen. Durch die meromorphe Fortsetzung von der Zeta-Funktion
gilt diese Gleichheit auch bei $s = 0$.   □

Satz 5.2.2. *Für eine fixpunktfreie Operation von γ ist die Variation
der äquivarianten Kontakt-Torsion gegeben durch*

$$T_K(M, g_\varepsilon, \gamma))^\bullet = T_K(M, g_0, \gamma) \sum_{k=0}^{n} (-1)^{k+1} \operatorname{Tr}(\gamma \alpha \mathcal{P}_k)$$

und für die γ-äquivariante Ray-Singer Kontakt-Metrik ist

$$(\| \quad \|_{K,\gamma,g_\varepsilon})^\bullet = 0.$$

Beweis. Sei wieder $\alpha = \star^{-1}\star^\bullet$. Sei γ_α die Abbildung, die auf M als γ
und auf $\mathcal{E}$ als $\alpha \circ \gamma$ operiert. Diese kommutiert mit d_H, weil auch α
mit d_H kommutiert:

$$0 = \frac{d}{d\varepsilon}\Big|_{\varepsilon=0} d_H = \frac{d}{d\varepsilon}\Big|_{\varepsilon=0} (\pm \star d_H^* \star) = \pm \star \alpha d_H^* \star \pm \star d_H^* \star \alpha$$

$$= \mp \alpha \star d_H^* \star \pm \star d_H^* \star \alpha = -\alpha d_H + d_H \alpha.$$

Damit induziert $\alpha \circ \gamma$ eine Operation auf der Kohomologie. Wir haben

$$\alpha(\gamma^{-1*} k_t)(x, x) \sim \sum_{j=0}^{\infty} t^{\frac{2(j-n-1)}{4}} \alpha a_j(\Delta_K, \gamma)(x)$$

und

$$\zeta(\Delta_{K,k}, \alpha\gamma)(0) = \int_M \operatorname{Tr}(\alpha a_{n+1}(\Delta_{K,k}, \gamma))\theta \wedge (d\theta)^{\wedge n}.$$

Die Operation von γ_α ist fixpunktfrei, somit verschwindet ihre Lefschetzzahl. Wir erhalten

$$0 = \sum_{k=0}^{2n+1} (-1)^k \operatorname{Tr}(\gamma_\alpha|_{H^k(M)}) = \sum_{k=0}^{2n+1} (-1)^k \zeta(\Delta_{K,k}, \alpha\gamma)(0)$$

$$= 2 \sum_{k=0}^{n} (-1)^k \int_M \text{Tr}(\alpha a_{n+1}(\Delta_{K,k}, \gamma))\theta \wedge (d\theta)^{\wedge n}.$$

Somit folgt mit Satz 5.1.3 die erste Gleichung und mit Korollar 5.1.4 die zweite Gleichung. $\qquad\square$

5.3 Isolierte Fixpunkte

Nachdem wir den Fall untersucht haben, wo γ keine Fixpunkte hat, betrachten wir jetzt die Situation, in der γ nur isolierte Fixpunkte besitzt. Wir benutzen dazu die Resultate aus [AB67] und wenden dies für den Rumin-Komplex an. Wir fassen erstmal die für uns relevanten Ergebnisse aus [AB67] kurz zusammen:

Eines der Hauptziele von Atiyah und Bott war es folgenden Satz zu zeigen, welcher in ihren Artikel Theorem A heißt.

Satz 5.3.1 (Atiyah-Bott-Fixpunktsatz).
Sei $\left(\bigoplus_{k=0}^{n} \Gamma(M, E_k), d \right)$ ein eilliptischer Komplex, wobei E_k ein euklidischer Vektorbündel über M sind. Sei γ eine Isometrie mit isolierten Fixpunkten auf M und $\gamma^{E_k} : \gamma^* E_i \to E_i$ ein Vektorbündelhomomorphismus und $\gamma^E = \oplus_k \gamma^{E_k}$. Sei $T_k : \Gamma(M, E_i) \to \Gamma(M, E_k)$ gegeben durch $T_i s(x) = \gamma^{E_k} s(\gamma(x))$ und $T = \oplus_i T_k$. T kommutiere mit d, das heißt T induziert eine Abbildung $H^\bullet T$ auf der Kohomologie des Komplexes. Dann ist die Lefschetzzahl gegeben durch

$$\sum_{k=0}^{n} (-1)^k \text{Tr}\, H^i T = \sum_{\gamma(x)=x} \sum_{k=0}^{n} (-1)^k \frac{\text{Tr}\, \gamma_x^{E_k}}{|\det(1 - T_x \gamma)|}.$$

Der Beweis dieses Satzes beruht auf mehrere Zwischenschritte. Sie bewiesen die Gleichung

$$\text{Tr}\, T_i = \sum_{\gamma(x)=x} \frac{\text{Tr}\, \gamma_x^{E_i}}{|\det(1 - T_x \gamma)|}$$

und zeigten in Proposition 2.1 in ihrem Artikel, dass für einen Endomorphismus T auf einem endlichen-dimensionalen Komplex

$$0 \to V^0 \xrightarrow{d} V^1 \xrightarrow{d} \dots \xrightarrow{d} V^n \to 0,$$

die alternierende Summenformel

$$\sum_{k=0}^{n}(-1)^k \operatorname{Tr} T^k = \sum_{k=0}^{n}(-1)^i \operatorname{Tr} H^k T$$

gilt. Nunmehr fehlt noch die Erweiterung dieser Identität auf den
unendlichdimensionalen Fall. Dazu führten Sie in Abschnitt 7 folgenden
Begriff ein.

Definition 5.3.2. *Für einen Komplex* (V, d) *seien*

$$Z_i = \ker d_i, \quad B_i = \operatorname{im} d_{i-1}, \quad H_i = Z_i / B_i,$$

so dass man die beiden exakte Sequenzen

$$0 \to Z_i \hookrightarrow V_i \xrightarrow{d_i} B_{i+1} \to 0 \quad und \quad 0 \to B_i \hookrightarrow Z_i \twoheadrightarrow H_i \to 0$$

bekommt. Der Komplex (V, d) *heißt* Spaltungskomplex *falls beide Sequenzen spalten.*

Sie zeigten dann in Lemma 7.2, die Aussagen danach und in Lemma
2.3 aus ihrem Artikel, dass die alternierende Summenformel für einen
Komplex mit endlichdimensionaler Kohomolgie gilt, falls dieser und
dessen Dual Spaltungskomplexe sind. Dies ist für elliptische Komplexe
der Fall, weswegen Sie sich in Satz 5.3.1 auf diese Situation reduziert
haben. Dieser Satz würde dementsprechend dann für den Rumin-
Komplex gelten, wenn dieser und dessen Dual Spaltungskomplexe
sind.

Lemma 5.3.3. *Der Rumin-Komplex und dessen Dual sind Spaltungskomplexe.*

Beweis. Weil die Kohomologie des Rumin-Komplexes die de Rham-Kohomologie ist, ist $\ker d_{H,i} \cong \operatorname{im} d_{H,i-1} \bigoplus H_i(M)$. Wir müssen noch $\mathcal{E}_i \cong \ker d_{H,i} \bigoplus \operatorname{im} d_{H,i}$ zeigen. Weil ein elliptischer Komplex nach der Hodge-Zerlegung ein Spaltungskomplex ist, haben wir $\mathfrak{A}^i(M) \cong \ker d_i \bigoplus \operatorname{im} d_i$. Sei φ dieser Isomorphismus, also für $\alpha \in \mathfrak{A}^i(M)$ sei $\varphi(\alpha) = \beta + d\gamma$. Dann ist für $i \neq n$ $\bar{\varphi} : \mathcal{E}_i \to \ker d_{H,i} \bigoplus \operatorname{im} d_{H,i}$ mit $\bar{\varphi}[\alpha] = [\beta] + [d\gamma]$ ein Isomorphismus. Sie landet im richtigen Raum wegen $d_H[\beta] = [d\beta] = 0$ und $[d\gamma] = d_H[\gamma]$. Für $i = n$ müssen wir $\mathcal{E}_n \cong \ker D \bigoplus \operatorname{im} D$ zeigen. Sei $\mathfrak{A}^\bullet(H) = \Gamma(M, \Lambda^\bullet H^*)$. Dann ist

$$\mathfrak{A}^\bullet(M) = \mathfrak{A}^\bullet(H) \bigoplus \theta \wedge \mathfrak{A}^\bullet(H).$$

Bezüglich dieser Zerlegung ist mit $\alpha = \alpha_H + \theta \wedge \alpha_{R_\theta}$

$$d(\alpha_H + \theta \wedge \alpha_{R_\theta}) = (d^H \alpha_H + d\theta \wedge \alpha_{R_\theta}) + \theta \wedge (L_{R_\theta} \alpha_H - d^H \alpha_{R_\theta})$$

mit $d^H = \pi_{\mathfrak{A}^\bullet(H)} \circ d$. Für $\beta \in \mathcal{E}_n$ mit $d\beta = 0$ ist somit $\theta \wedge L_{R_\theta} \beta = 0$. Da D gegeben ist durch $D[\beta] = \theta \wedge (L_{R_\theta} + d^H \varepsilon(d\theta)^{-1} d^H)\beta$, ist in diesem Fall $D[\beta] = 0$. Deswegen landet $\bar{\varphi} : \mathcal{E}_i \to \ker D \bigoplus \operatorname{im} D$ mit $\bar{\varphi}[\alpha] = [\beta] + D[\gamma]$ im richtigen Raum und ist ein Isomorphismus, weil φ einer ist.
Weil das Dual eines elliptischen Komplexes wieder elliptisch ist, zeigt selbige Überlegung, dass auch das Dual des Rumin-Komplexes ein Spaltungskomplex ist. $\qquad\square$

Wir können jetzt Satz 5.3.2 auf den Rumin-Komplex anwenden. Sei dazu das γ^E in der Voraussetzungen des Satzes $\alpha \circ \gamma^{-1*}$. In Lemma 6.2.3 haben wir gesehen, dass $T = \gamma_\alpha$ mit d_H kommutiert. Außerdem operiert α auf M als id. Zusammen mit Lemma 5.2.1 erhalten wir

$$2 \sum_{k=0}^{n} (-1)^k \int_M \operatorname{Tr}(\alpha a_{n+1}(\Delta_{K,k}, \gamma)) \theta \wedge (d\theta)^{\wedge n}$$

$$= \sum_{k=0}^{2n+1} (-1)^k \zeta(\Delta_{K,k}, \alpha\gamma,)(0)$$

$$= \sum_{k=0}^{2n+1} (-1)^k \operatorname{Tr}(\gamma_{\alpha|_{H^k(M)}}) = \sum_{k=0}^{2n+1} (-1)^k \sum_{\gamma(x)=x} \frac{\operatorname{Tr}(\alpha_x \gamma^{-1}{}_{x,k}^*)}{|\det(1 - \operatorname{T}_x \gamma^{-1})|}.$$

Mit den Bezeichnungen aus dem Beweis von Satz 5.1.3 hat man dann

$$\kappa'(0,\gamma)^\bullet = h(0,\gamma) = 2 \sum_{\gamma(x)=x} \sum_{k=0}^{n} (-1)^k \frac{\operatorname{Tr}(\alpha_x \gamma^{-1}{}_{x,k}^*)}{|\det(1 - \operatorname{T}_x \gamma^{-1})|}$$

$$- 2 \sum_{k=0}^{n} (-1)^k \operatorname{Tr}(\gamma \alpha \mathcal{P}_k)$$

$$=: 2 \sum_{\gamma(x)=x} \lambda(x,\alpha) - 2 \sum_{k=0}^{n} \operatorname{Tr}(\gamma \alpha \mathcal{P}_k).$$

Wegen $T_K(M,g,\gamma) = e^{(\frac{1}{2}\kappa'(0,\gamma))}$ haben wir damit folgendes gezeigt:

Satz 5.3.4. *Für eine Operation von γ mit isolierten Fixpunkten ist die Variation der äquivarianten Kontakt-Torsion gegeben durch*

$$T_K(M,g_\varepsilon,\gamma))^\bullet = T_K(M,g_0,\gamma) \left(\sum_{\gamma(x)=x} \lambda(x,\alpha) - \sum_{k=0}^{n} \operatorname{Tr}(\gamma \alpha \mathcal{P}_k) \right),$$

mit $\lambda(x,\alpha) = \sum_{k=0}^{n} (-1)^k \frac{\operatorname{Tr}(\alpha_x \gamma^{-1}{}_{x,k}^*)}{|\det(1 - \operatorname{T}_x \gamma^{-1})|}$. *Für die γ-äquivariante Ray-Singer Kontakt-Metrik ist*

$$(\| \ \|_{K,\gamma,g_\varepsilon})^\bullet = \| \ \|_{K,\gamma,g_0} \sum_{\gamma(x)=x} \lambda(x,\alpha).$$

Literatur

Die Variationsformel aus Abschnitt 5.1 wurde für den Fall $\gamma = \text{id}$ bereits in [RuS12] gezeigt, und der Beweis überträgt sich auch auf unseren Fall für beliebige Isometrien γ, welcher auch übernommen wurde. Die Idee für Lemma 5.2.1 basiert auf der äquivariante Version von dem Satz von Mckean-Singer, welcher in [BGV92] zu finden ist, und für Abschnitt 5.3 wurden die Resultate aus [AB67] verwendet.

6 Ausblick

In [RuS12] konnte gezeigt werden, dass die Kontakt-Torsion T_K auf CR-Seifert-Mannigfaltigkeiten mit der analytischen Torsion von Ray und Singer übereinstimmt. Nichtsdestotrotz ist die äquivariante Kontakt-Torsion keine Kontakt-Invariante und sie hängt von der Kontaktform und der fast-komplexen-Struktur ab. Eine Möglichkeit, um mehr kontakt-invariante Eigenschaften herauszufinden, ist es die Koeffizienten der asymptotischen Entwicklung zu berechnen, was in der Praxis nur schwer umzusetzen ist. Für den Spezialfall, wo die Isometrie keine Fixpunkte besitzt, haben wir gesehen, dass sie nur von der Kontaktstruktur abhängt. Im Gegensatz zu T_K, dessen Konstruktion auf die nicht-lokale Größe $\zeta'(\Delta_K)(0)$ beruht, basiert die Größe $\kappa(0, \gamma)$ auf $\zeta'(\Delta_K)(0)$, $\kappa(0, \gamma) = \sum_{k=0}^{n} c_k \zeta(\Delta_{K,k})(0) = \sum_{k=0}^{n} c_k \int_M \mathrm{Tr}(a_{t^0,k,\gamma}) \mathrm{dvol}$,

welche nach Abschnitt 3.2 durch Integration von lokalen Invarianten gegeben ist. Wir haben in Satz 5.1.3 erfahren, dass $\kappa(0, \gamma)$ nur von der Kontaktstruktur H abhängt und eine Kontakt-Invariante definiert. Viele vor Kurzem eingeführten Kontakt-Invarianten haben diese Form, welche durch Integration von lokalen Invarianten, gegeben durch den Tanaka-Webster-Tanno-Zusammenhang, dargestellt sind und unabhängig von der Kontaktform und fast-komplexen-Struktur sind. Jedoch trat bei dieser Konstruktion etwas Unerwartetes auf. Viele dieser Invarianten entpuppten sich als gleich Null und es konnte nicht gezeigt werden, ob eine dieser Invarianten nicht verschwindet. Ebenfalls bemerkten Rumin und Seshadri in [RuS12], dass $\kappa(0, \gamma)$ im 3-dimensionalen Fall auch immer verschwindet. Ausgehend von einem Resultat von Gilkey bezüglich riemannsche Mannigfaltigkeiten, welche besagt, dass es keine topologische Invarianten auf Mannigfaltigkeiten ungerader Dimension gibt, die durch Integration lokaler riemannsche

Invariante entsteht, stellte Seshadri in [Se07] die Frage, ob überhaupt nicht verschwindende Kontakt-Invarianten existieren, welche durch Integration lokaler Tanaka-Webster-Tanno-Invarianten gegeben sind. Es ist noch ungewiss, ob die äquivariante Kontakt-Torsion weitere kontakt-invariante Eigenschaften besitzt und ob $\kappa(0, \gamma)$ im höherdimensionalen Fall verschwindet oder nicht.

Literaturverzeichnis

[AB67] M. F. Atiyah und R. Bott : A Lefschetz fixed point formula for elliptic complexes, I. Ann. Math. **86** (1967), 374-407.

[Bl02] D. E. Blair : Riemannian Geometry of Contact and Symplectic Manifolds. Springer New York 2002.

[BG88] R. Beals und P.C. Greiner : Calculus on Heisenberg manifolds. Annals of Mathematics Studies, vol. **119**. Princeton University Press, Princeton, NJ, 1988.

[BGS88] J.M. Bismut, H. Gillet und C. Soulé : Analytic torsion and holomorphic determinant bundles. I. Bott- Chern forms and analytic torsion. Comm. Math. Phys., **115**(1):49–78, 1988.

[BeGS84] R. Beals, P. C. Greiner und N. K. Stanton : The heat equation and geometry of CR manifolds. Bull. Amer. Math. Soc. (N.S.), **10**(2):275–276, 1984.

[BGV92] N. Berline, E. Getzler und M. Vergne : Heat Kernels and Dirac Operators. Springer, Berlin, 1992.

[BZ92] J.M. Bismut und W. Zhang : An extension of a theorem by Cheeger and Müller. Astérisque **205**, 1992.

[Do76] H. Donnelly : Spectrum and the Fixed Point Set of Isometries I. Math. Ann. **224**, 161-170 (1976).

[Ge89] E. Getzler : An analogue of Demailly's inequality for strictly pseudoconvex CR manifolds. J. Differential Geom., **29**(2):231–244, 1989.

[Gi84] P. B. Gilkey : Invariance theory, the heat equation, and the Atiyah-Singer index theorem. Wilmington, Publish or Perish 1984.

[GH78] P. Griffiths und J. Harris : Principles of algebraic geometry. Wiley Classics Library. John Wiley & Sons Inc., 1978.

[G08] H. Geiges : An Introduction to Contact Topology. Cambridge University Press (2008).

[HN05] B. Helffer und F. Nier : Hypoelliptic Estimates and Spectral Theory for Fokker-Planck Operators and Witten Laplacians. Springer-Verlag Berlin Heidelberg 2005

[JK95] P. Julg und G. Kasparov : Operator K-theory for the group SU(n, 1). J. Reine Angew. Math. **463** (1995), 99–152.

[K93] K. Köhler : Equivariant analytic torsion on $P^n C$. Math. Ann. **297** (1993), 553-565.

[K97] K. Köhler : Equivariant Reidemeister torsion on symmetric spaces. Math. Ann., **307** p. 57-69 (1997).

[K14] K. Köhler : Differentialgeometrie und homogene Räume. Springer 2014.

[KM76] F. F. Knudsen und D. Mumford : The projectivity of the moduli space of stable curves. I. Preliminaries on "det" and "Div". Math. Scand., **39**(1):19–55, 1976.

[KN63] S. Kobayashi und N. Katsumi : Foundations of Differential Geometry Volume I. John Wiley & Sons, New York, 1963.

[KoR65] J.J. Kohn und H. Rossi : On the extension of holomorphic functions from the boundary of a complex manifold. Ann. of Math. **81** (1965) 451–472.

[KR01] K. Köhler und D. Roessler : A fixed point formula of Lefschetz type in Arakelov geometry. I. Statement and proof. Invent. Math., **145** p. 333-396 (2001).

[LR91] J. Lott und M. Rothenberg : Analytic torsion for group actions. J. Diff. Geom. **34** (1991), 431-481.

[MS98] D. McDuff und D. Salamon : Introduction to Symplectic Topology (2nd edition). Oxford University Press, 1998.

[Po08] R. S. Ponge : Heisenberg calculus and spectral theory of hypoelliptic operators on Heisenberg manifolds. Mem. Amer. Math. Soc., **194**(906):viii+ 134, 2008.

[R70] D. B. Ray : Reidemeister torsion and the Laplacian on lens spaces. Adv. in Math. **4** (1970), 109-126.

[Ro97] S. Rosenberg : The Laplacian on a Riemannian manifold. An introduction to analysis on manifolds, volume 31 of London Mathematical Society Student Texts. Cambridge University Press, Cambridge, 1997.

[RS71] D. B. Ray und I. M. Singer : R-torsion and the Laplacian on Riemannian manifolds. Adv. Math., **7**:145–210, 1971.

[Ru94] M. Rumin : Formes différentielles sur les variétés de contact. J. Differential Geom., **39**(2):281–330, 1994.

[Ru00] M. Rumin : Sub-Riemannian limit of the differential form spectrum of contact manifolds. Geom. Funct. Anal., **10**(2):407–452, 2000.

[RuS12] M. Rumin und N. Seshadri : Analytic torsions on contact manifolds. Annales de l'institut Fourier, 2012, Vol.**62** (2), pp.727-782.

[Se07] N. Seshadri: Some notes on analytic torsion of the Rumin complex on contact manifolds. arXiv:0704.1982.

[Sh94] M. A. Shubin : Partial Differential Equations VII, Spectral Theory of Differential Operators. Spinger 1994.

[Sh96] M. A. Shubin : Partial Differential Equations VIII, Overdetermined Systems Dissipative Singular Schrödinger Operator Index Theory. Spinger 1996.

[Ta75] N. Tanaka : A differential geometric study on strongly pseudoconvex manifolds. Lectures in Mathematics, Department of Mathematics, Kyoto University, No. **9**. Kinokuniya Book-Store Co., Ltd., Tokyo, 1975.

[Ta76] N. Tanaka : On non-degenerate real hypersurfaces, graded Lie algebras and Cartan connections. Japan J. Math., **2**, 131-190.

[Tan89] S. Tanno : Variational problems on contact Riemannian manifolds. Trans. Amer. Math. Soc., **314**(1):349– 379, 1989.

[W58] A. Weil: Introduction à létude des variétés kählériennes. Hermann Paris, 1958.

[We78] S. M. Webster : Pseudo-Hermitian structures on a real hypersurface. J. Differential Geom., **13**(1):25–41, 1978.

Symbolverzeichnis

Δ_K	Kontakt-Laplace-Operator
$\det V^\bullet$	Determinante eines Komplexes $V^\bullet$
$\Gamma(M, E)$	Menge aller Schnitte eines Faserbündels $\pi : E \to M$
ι_X	inneres Produkt mit einem Vektorfeld X
$\kappa(s, \gamma)$	äquivariante Kontakt-Torsionfunktion
Λ	Adjungierte der Lefschetz-Abbildung
$\Lambda^\bullet V^*$	äußere Algebra
$\det_\gamma V$	äquivariante Determinante eines Vektorraums V
dvol	Kontaktvolumenform
dvol_g	riemannsche Volumenform bezüglich der Metrik g
ψ_u	Koordinatenwechsel in u-Koordinaten
$\tau(V, d, g)$	Torsion des Komplexes (V, d, g)
$\tau(V, d, g, \gamma)$	äquivariante Torsion eines Komplexes (V, d) mit Metrik g
ε_u	u-Heisenberg-Koordinatenabbildung
$\zeta(\Delta)$	Zeta-Funktion des Hodge-Laplace-Operators

$\zeta(\Delta, \gamma)$	Zeta-Funktion bezüglich einer Isometrie γ
$^*\nabla$	Tanaka-Tanno-Webster-Zusammenhang
D	Differential des Rumin-Komplexes auf n-Formen
d_b	Tanaka-Operator
d_H	Differential des Rumin-Komplexes
L	Lefschetz-Abbildung
T	Reeb-Vektorfeld
$T(M, g)$	Analytische Torsion einer riemannschen Mannigfaltigkeit (M, g)
$T(M, g, \gamma)$	äquivariante analytische Torsion einer riemanschen Mannigfaltigkeit (M, g)
$T(V^\bullet, d)$	Torsionselement eines azyklischen Komplexes $(V^\bullet, d)$
$T_K(M, g, \gamma)$	äquivariante Kontakt-Torsion bezüglich γ
$T_{1,0}$	CR-Struktur
$\mathcal{H}^k(M)$	Raum der harmonischen Differentialformen
$\mathcal{L}_X$	Lie-Ableitung längs eines Vektorfeldes X
$\mathcal{E}^\bullet$	Rumin-Komplex
$\mathfrak{A}^\bullet(H)$	Raum der horizontalen Differentialformen
$\mathfrak{A}^k(M, E)$	Raum der k-Formen mit Koeffizienten in E

Sachverzeichnis

Printed in the United States
By Bookmasters